Chandan Deep Singh
Rajdeep Singh
Harleen Kaur

Estudo analítico das perspectivas de implementação do ERP

Chandan Deep Singh
Rajdeep Singh
Harleen Kaur

Estudo analítico das perspectivas de implementação do ERP

ScienciaScripts

Imprint
Any brand names and product names mentioned in this book are subject to trademark, brand or patent protection and are trademarks or registered trademarks of their respective holders. The use of brand names, product names, common names, trade names, product descriptions etc. even without a particular marking in this work is in no way to be construed to mean that such names may be regarded as unrestricted in respect of trademark and brand protection legislation and could thus be used by anyone.

Cover image: www.ingimage.com

This book is a translation from the original published under ISBN 978-620-2-01338-3.

Publisher:
Sciencia Scripts
is a trademark of
Dodo Books Indian Ocean Ltd. and OmniScriptum S.R.L publishing group

120 High Road, East Finchley, London, N2 9ED, United Kingdom
Str. Armeneasca 28/1, office 1, Chisinau MD-2012, Republic of Moldova, Europe
Printed at: see last page
ISBN: 978-620-7-78757-9

ÍNDICE DE CONTEÚDOS

CAPÍTULO 1

INTRODUÇÃO

1.1 ERP

O ERP é o processo de integração de todas as funções empresariais e o processo de aumentar drasticamente a produtividade e os lucros das indústrias, para além de outros benefícios abundantes. É especialmente importante para as indústrias que estão "intimamente ligadas" aos seus fornecedores e clientes e que utilizam o intercâmbio eletrónico de dados (EDI) para processar eletronicamente as transacções de vendas. Por conseguinte, a implementação do ERP é excecionalmente benéfica para empresas como as fábricas que produzem produtos em massa com poucas alterações.

A APICS (American Production and Inventory Control Society) **[11]** define ERP (Enterprise resources Planning) como um sistema informático orientado para a contabilidade que ajuda as empresas a definir e planear os recursos necessários durante o processo operacional de compra, produção, distribuição e planeamento estratégico para satisfazer as encomendas dos clientes. Além disso, integra e gere eficazmente estes recursos de modo a melhorar o desempenho global e a reduzir os custos.

O ERP abrange um vasto leque de domínios, por exemplo, a gestão das compras e das vendas na distribuição; a gestão da produção, o MRP (Material Requirements Planning), o controlo da qualidade, a gestão dos produtos em curso, a gestão dos custos e a gestão da alteração da conceção do projeto, que representa um processo de fabrico completo, incluindo a investigação e o desenvolvimento, a produção, a gestão dos produtos e o controlo da qualidade total. Além disso, o ERP envolve também a gestão da contabilidade, dos recursos humanos e dos recursos para a tomada de decisões. O objetivo final do ERP é melhorar o ciclo operacional da empresa de planeamento, implementação, auditoria e melhoria, e reforçar as capacidades de controlo interno e de auditoria da empresa **[11]**.

O planeamento de recursos empresariais ou ERP é composto por três palavras: empresa, recurso e planeamento. Entre as três, as duas últimas palavras são insignificantes em comparação com a primeira. Sim, os pacotes ERP ajudam no planeamento e também na gestão dos recursos. Existem muitas outras soluções de software que fazem a mesma coisa - planeamento e gestão de recursos. É a parte empresarial que é importante. O verdadeiro poder e potencial do ERP advém da passagem do modelo de negócio tradicional para o modelo de negócio empresarial. Os pacotes ERP tentam integrar todos os departamentos e funções de uma empresa num único sistema informático que pode servir todas as necessidades específicas desses diferentes departamentos. Este tipo de integração é uma tarefa muito difícil. Construir um único programa informático que sirva tanto as necessidades do pessoal das finanças como as do pessoal dos recursos humanos e do armazém. Cada um destes departamentos tem normalmente o seu próprio sistema informático optimizado para as formas específicas de trabalho do departamento. Mas o ERP combina-os todos num único programa de software integrado que funciona a partir de uma única base de dados, para que os vários departamentos possam mais facilmente partilhar informações e comunicar entre si. Esta abordagem integrada pode ter um enorme retorno se as empresas instalarem o software corretamente.

Por exemplo, uma encomenda de um cliente. Normalmente, quando um cliente efectua uma encomenda, essa encomenda inicia uma viagem, na sua maioria em papel, de uma bandeja para outra bandeja da empresa, sendo frequentemente introduzida e reintroduzida nos sistemas informáticos de diferentes departamentos ao longo do percurso. Todo esse tempo de espera nas bandejas causa atrasos e perda de encomendas, e toda a digitação em diferentes sistemas informáticos dá origem a erros. Entretanto, ninguém na empresa sabe verdadeiramente qual é o estado da encomenda num determinado momento, porque não há forma de o departamento financeiro aceder ao sistema informático do armazém para ver se o artigo foi expedido, pelo que terá de telefonar para o armazém e pedir-lhe que verifique o estado da expedição. Esta pode ser uma experiência bastante aborrecida e frustrante.

O ERP substitui os antigos sistemas informáticos autónomos das finanças, RH, produção e armazém por um único programa de software unificado dividido em módulos de software que se aproximam aproximadamente dos antigos sistemas autónomos. O departamento financeiro, o departamento de produção e o armazém continuam a ter o seu próprio software, mas o software está ligado entre si para que alguém do departamento financeiro possa consultar o software do armazém para ver se uma encomenda foi expedida. O software ERP é suficientemente flexível para que seja possível instalar alguns módulos sem comprar o pacote. Muitas empresas instalam apenas o módulo financeiro ou o módulo de RH e deixam o resto das funções para outro dia.

Um sistema ERP simplifica os processos empresariais, criando uma estrutura de transação a nível de toda a empresa que integra as funções-chave de diferentes departamentos numa plataforma de sistema de informação integrada. Através da integração destes diversos sistemas, as organizações podem obter uma vantagem competitiva na era digital em rápida mutação O ERP é, por conseguinte, uma parte fundamental da infraestrutura de informação das empresas modernas. Estudos recentes demonstraram que os projectos ERP se tornaram o maior investimento em projectos de sistemas de informação nas empresas de todo o mundo. Além disso, prevê-se que esta tendência se mantenha nos próximos anos **[19, 55]**.

No entanto, se os projectos ERP não forem implementados corretamente, os resultados podem ser desastrosos, uma vez que a taxa de insucesso dos projectos ERP é surpreendentemente elevada, com consequências graves, incluindo a incapacidade de cumprir as funções previstas e a ultrapassagem dos custos e do calendário **[7,8]**. Muitas empresas não viram outra alternativa senão terminar os seus projectos ERP durante a fase de implementação, uma vez que os seus recursos se esgotaram devido a má gestão. Por exemplo, a Dell Incorporated abandonou o seu projeto ERP depois de se ter comprometido durante dois anos e de ter gasto 200 milhões de dólares. A Waste Management Incorporated abortou a sua implementação de ERP depois de gastar 45 milhões de dólares de um orçamento estimado em 250 milhões de dólares **[3]**. Projectos ERP falhados conduziram mesmo a problemas tão graves como a falência **[13]**. Por conseguinte, é necessária uma implementação ativa do ERP para evitar os desastres acima referidos.

A gestão ativa da implementação do ERP refere-se à capacidade da gestão de reagir à evolução do ambiente durante o longo processo de implementação e de tomar medidas adequadas para gerir os riscos inerentes. Várias correntes de estudo propuseram teorias fundamentais sobre a implementação do ERP. Uma dessas correntes centra-se na interação entre o ERP e as organizações **[44, 45]** e faz a observação de que a implementação do ERP está intimamente ligada a factores organizacionais complexos. Por exemplo, a cultura organizacional afecta as crenças, ideologias e normas partilhadas por uma organização que influenciam o comportamento organizacional **[37], 46]** e, por conseguinte, desempenha um papel fundamental na implementação do ERP. Além disso, o ERP requer uma elevada auto-eficácia informática entre os funcionários, porque as mudanças organizacionais resultantes da implementação do ERP exigem uma utilização em grande escala de computadores **[47]**, o que apresenta um processo de aprendizagem diferente para diferentes tipos de organizações. Por conseguinte, diferentes tipos de organizações experimentam diferentes processos de adaptação organizacional **[31]**, o que faz com que a implementação do ERP enfrente incertezas técnicas e sociais que não podem ser predefinidas na totalidade e que devem, necessariamente, ser geridas de forma ativa. Outra corrente concentra-se nos factores de risco na implementação do ERP. Estes estudos apontam factores de risco fundamentais explícitos, tais como a adequação do processo e a adequação do utilizador, que contribuem para o fracasso da implementação do ERP se não forem controlados. Outros estudos investigam os factores de risco em diferentes fases da implementação do ERP e observam que, ao gerir ativamente os problemas que evoluem ao longo do tempo, é possível obter uma melhor implementação do ERP.

Muitos investigadores e profissionais concordam que os sistemas de planeamento de recursos empresariais (ERP) são o desenvolvimento mais importante em termos de utilização das tecnologias da informação (TI) pelas empresas na década de 1990 **[13]**. A última geração de pacotes de software comercial de ERP integra frequentemente informações de finanças, contabilidade, recursos humanos, operações, cadeias de abastecimento e clientes. No entanto, a implementação de um ERP numa empresa é uma tarefa dispendiosa e complexa **[20, 31]**. Um orçamento modesto para a implementação de um ERP numa pequena ou média empresa pode variar entre 2 e 4 milhões de dólares americanos. O custo de uma implementação completa numa grande organização pode facilmente ultrapassar os 100 milhões de dólares. Enquanto algumas organizações obtiveram eficiências significativas através da utilização do ERP, outras obtiveram resultados decepcionantes **[9, 23, 36]**. De facto, cerca de 90% das implementações de ERP transformam-se em projectos de fuga **[32]**. Para evitar estes fracassos dispendiosos, foram envidados muitos esforços para identificar os factores-chave necessários para uma implementação bem sucedida do ERP. Os factores críticos de sucesso (FCS) mais frequentemente identificados incluem: *apoio da gestão de topo, apoio do vendedor, competência do consultor, apoio do utilizador, capacidade de TI e liderança do gestor do projeto.* Os investigadores também observaram que o processo de implementação do ERP é uma interação social complexa entre as TI (departamentos) e as organizações **[20, 31]**. O sucesso requer frequentemente um processo de adaptação mútua entre os ambientes de TI e organizacional. Este processo de adaptação indica que a implementação do ERP requer um "encaixe" entre todas as variáveis contingentes nos contextos organizacionais, tais como a cultura, os processos empresariais, os antecedentes dos utilizadores e as capacidades de TI. Além disso, o "ajuste contingente" implica que cada um dos QCA identificados pode ser mais ou menos crítico em diferentes situações organizacionais. Embora numerosos estudos tenham tentado identificar os factores críticos que afectam o sucesso da implementação do ERP, nenhum deles investigou o alinhamento entre os QCA do ERP, uma vez que a investigação anterior presumia frequentemente que cada um dos factores facilitadores tinha uma influência causal direta e independente nos resultados finais da implementação do ERP. No entanto, estudos recentes sobre alinhamento (ou adequação) estratégico noutras disciplinas propuseram uma visão diferente de "adequação" **[11]**. Defendem que o alinhamento estratégico representa uma perspetiva ampla e holística da estratégia. Esta visão de "adequação holística" sugere que a implementação do ERP deve atingir um certo nível de "consistência" entre os factores críticos de sucesso da implementação.

Por outras palavras, os factores críticos de sucesso não são "independentes" uns dos outros como se pensava anteriormente - as organizações devem afetar os seus recursos a cada um desses factores críticos de forma adequada.

Os sistemas de planeamento dos recursos empresariais (ERP) permitem uma integração perfeita dos fluxos de informação **[50]** e dos processos empresariais em todas as áreas funcionais de uma empresa. Apoiam a partilha de informações ao longo da cadeia de valor de uma empresa e ajudam a obter eficiência operacional. Os pacotes ERP oferecem um motor de fluxo de trabalho para gerar fluxos de trabalho automatizados de acordo com regras comerciais e matrizes de aprovação, de modo a que a informação e os documentos possam ser encaminhados para utilizadores operacionais para tratamento de transacções e para gestores e directores para análise e aprovação **[11]**.
Embora os sistemas ERP tenham sido reconhecidos como úteis para muitas empresas e apresentados pelos vendedores e consultores como sistemas que incorporam boas práticas comerciais, verificou-se frequentemente que os sistemas ERP não são eficazes **[56]**. Uma das questões amplamente debatidas é a necessidade de uma adaptação ERP-processo que envolva alguma necessidade de mudanças na atividade e nos processos. A relação entre a mudança do processo empresarial e a adoção bem sucedida do ERP é simbiótica: o benefício da adoção do ERP resulta frequentemente numa mudança empresarial **[33]**. No entanto, os seus resultados são susceptíveis de serem influenciados pelos antecedentes organizacionais e culturais que facilitam ou inibem a gestão eficaz das mudanças organizacionais **[56]**. A literatura insiste que é necessário que o CEO e os líderes seniores incentivem a adoção da tecnologia e a mudança **[39]**.

O planeamento de recursos empresariais (ERP) é uma ferramenta que ajuda as empresas a reduzir custos e a melhorar a eficiência através da integração de processos empresariais e da partilha de recursos comuns numa organização **[55]**. Os sistemas ERP institucionalizam a partilha de recursos, exigindo a consolidação de plataformas informáticas, modelos de dados e processos funcionais diversos e descentralizados, a fim de melhorar a eficiência operacional **[20, 28]**. Os sistemas ERP são grandes, complexos e muitas vezes exigem mudanças fundamentais na forma como as organizações executam os processos. Podem também afetar a tomada de decisões organizacionais subjacentes aos processos. Há provas de que o ERP permite que as organizações obtenham benefícios de apoio à decisão, tais como um melhor processamento do conhecimento, uma maior fiabilidade na tomada de decisões e uma melhor capacidade de reunir provas empresariais para apoiar as decisões tomadas. Além disso, os gestores acreditam que é importante que os sistemas ERP forneçam apoio à tomada de decisões mais rápidas, reduzam os custos da tomada de decisões e melhorem a capacidade de gerir grandes quantidades de conhecimentos **[19]**. No entanto, para que tal aconteça, é necessário incorporar num sistema ERP o conhecimento organizacional adequado, de modo a que o sistema disponha de uma estrutura de conhecimento subjacente suficiente para obter este apoio. O conhecimento proveniente de uma diversidade de perspectivas e experiências deve ser partilhado e incorporado durante a implementação do ERP **[26, 28]**. O conhecimento é um conceito multifacetado e está incorporado em muitas entidades de uma organização, incluindo a cultura, as políticas, os documentos e os próprios membros da organização **[41]**. O conhecimento é frequentemente descrito em termos de uma taxonomia de tipos de conhecimento (por exemplo, tácito vs. explícito, individual vs. coletivo, declarativo vs. causal vs. relacional). No entanto, outra forma de descrever o conhecimento é em termos da sua natureza pragmática. A faceta pragmática do conhecimento explora os tipos de conhecimento que são úteis para uma organização, tais como o conhecimento sobre produtos, melhores práticas, estruturas empresariais e projectos **[41]**. A forma como o conhecimento é partilhado entre os indivíduos está ligada à sua natureza pragmática **[18]**. Como o ERP exige que as empresas integrem processos em toda a organização, uma das áreas mais importantes da partilha de conhecimentos numa implementação de ERP é a partilha dos conhecimentos que os indivíduos possuem sobre processos e estruturas empresariais **[26]**. Por conseguinte, neste estudo, definimos a partilha de conhecimentos como a partilha de conhecimentos sobre os processos empresariais e os conhecimentos conexos necessários para que esses processos funcionem. Para que o conhecimento de um indivíduo ou de um grupo seja útil para os outros, deve ser expresso de forma a ser interpretável pelos receptores **[18]**. Assim, examinamos a partilha de conhecimentos durante a implementação do ERP para identificar os factores que facilitam esta expressão.

As equipas de implementação do ERP são normalmente constituídas por membros da organização provenientes de uma variedade de áreas funcionais e divisões da organização. Estas equipas são responsáveis pela implementação do sistema ERP, que começa com a análise inicial dos processos e dados organizacionais actuais (muitas vezes referida como a fase "das is"), inclui o planeamento do processo organizacional e as alterações de dados que o ERP é utilizado para realizar (to be), e estende-se através da formação dos utilizadores e da instalação do pacote completo para utilização. As oportunidades de partilha de conhecimentos estão presentes na equipa porque os conhecimentos que os indivíduos devem ter para a implementação do ERP são mais diversificados do que os conhecimentos necessários para os empregos tradicionais **[20]**. Este facto dá origem a conflitos que tornam complexa a gestão da partilha de conhecimentos. Isto é particularmente evidente quando os membros da equipa representam silos independentes e querem manter a sua própria identidade. Uma equipa de implementação de ERP interage com outros membros da organização para recolher informações relevantes e mantê-los informados sobre as mudanças a esperar quando o ERP for implementado **[39]**. Idealmente, existe uma troca intensiva de conhecimentos entre a equipa e os membros da organização que representam **[13]**. A partilha inadequada de conhecimentos entre estes dois grupos contribui para o insucesso da implementação do ERP **[33, 34, 43]**.

Uma implementação bem sucedida do ERP exige que os grupos organizacionais eliminem as barreiras à partilha de conhecimentos. Os sistemas ERP integram processos de negócios em funções e unidades, criando assim uma divergência no conhecimento necessário dos membros da organização **[13]**. Os membros da organização devem compreender mais do que apenas a parte do todo que tradicionalmente lhes é exigida **[39]** e devem compreender onde e como a sua função se enquadra em todo o processo **[46]**.

A cultura de uma empresa é constituída pelas crenças, ideologias e normas partilhadas que influenciam as acções ou o comportamento organizacional **[35, 42]**. É tanto um fator chave como um inibidor da partilha de conhecimentos organizacionais. A cultura organizacional também pode ser considerada como um recurso de conhecimento porque fornece o contexto no qual os membros da organização criam, adquirem, partilham e gerem o conhecimento **[17, 18, 24]**. Em muitas organizações, pode ser necessária uma grande mudança cultural para alterar as atitudes e o comportamento dos funcionários, de modo a que estes partilhem o seu conhecimento de forma voluntária e consistente **[3]**. Assim, as organizações devem promover a cultura subjacente necessária para apoiar as actividades de partilha de conhecimentos **[24]**.

Esta investigação explora a forma como diferentes dimensões da cultura influenciam a partilha de conhecimentos em equipas de projectos de implementação de ERP. O estudo contribui para o conjunto de conhecimentos sobre sistemas de informação de várias formas. *Em primeiro lugar,* ao sintetizar os dados de quatro estudos de caso aprofundados, desenvolvemos uma configuração cultural que mostra as dimensões da cultura que facilitam a partilha de conhecimentos no âmbito de uma iniciativa de implementação de ERP. Esta configuração cultural fornece uma base teoricamente fundamentada sobre a qual pode ser construída a investigação futura sobre o papel da cultura na implementação de sistemas de informação. *Em segundo lugar, propomos* um modelo que mostra as relações entre as dimensões culturais organizacionais, a cultura de equipa, as iniciativas para ultrapassar as barreiras culturais, a influência de forças externas e a partilha de conhecimentos num ambiente de implementação de ERP. *Em terceiro lugar, destacamos* exemplos de barreiras culturais que podem impedir a partilha de conhecimentos, bem como iniciativas para ultrapassar essas barreiras. A nossa avaliação da partilha de conhecimentos durante a implementação do ERP baseia-se numa estrutura proposta por **[9]**.

Um sistema de planeamento de recursos empresariais (ERP) é um sistema de informação (SI) avançado; fornece uma visão global da organização e uma base de dados comum na qual as transacções comerciais são registadas e armazenadas **[4]**. Além disso, os sistemas ERP podem ajudar a reduzir os custos e a melhorar processos ineficientes **[6]**. Apesar de, tanto no sector privado como no público, terem sido investidas grandes quantias de dinheiro em SI para ajudar as pessoas a tomar melhores decisões mais rapidamente **[49]**, em muitos casos os resultados alcançados não são os esperados e o debate sobre o valor destes sistemas ERP tem sido aberto. A maior parte da investigação relativa à implementação de ERP centrou-se no sector privado, com relativamente pouca investigação realizada em organizações públicas, especialmente no que diz respeito ao impacto nos processos organizacionais e no comportamento individual num contexto do sector público. Embora os sistemas ERP sejam mais populares no sector privado, têm vindo a ganhar aceitação também no sector público **[43]**. Alguns autores argumentam que as organizações dos sectores privado e público não são significativamente diferentes no que diz respeito aos SI **[46]**. Os gestores públicos, tal como os seus homólogos do sector privado, necessitam de informações financeiras e de custos actualizadas para poderem tomar decisões mais rápidas, em comparação com os sistemas anteriores. Os ERP permitem uma melhor coordenação dos diferentes recursos utilizados para prestar serviços aos cidadãos **[46]**.

Outros investigadores chegaram à conclusão oposta, apontando diferenças significativas entre organizações privadas e públicas no que respeita ao impacto da gestão e implementação dos SI **[46]**. As Tecnologias de Informação e Comunicação (TIC) são atualmente utilizadas para modernizar os sistemas de gestão em muitas organizações do sector público em todo o mundo **[16]**. O papel dos SI e das TIC é fundamental para provocar uma mudança transformacional na prestação e administração dos serviços públicos. Os sistemas de informação governamentais são hoje um elemento crucial para tornar as organizações do sector público mais responsáveis, eficientes e eficazes **[19, 20, 26,]**.

A necessidade de aumentar a eficiência é uma das razões mais comuns para implementar um sistema ERP **[27]**. De facto, a adoção das TIC pelos governos ajuda a aumentar a produtividade, reduzindo o tempo de arranque e a burocracia.

Vários estudos centraram a atenção na "gestão da mudança", em que a implementação do ERP implicará alterações nos processos empresariais **[20, 25, 27], uma** vez que apoiam fortemente a gestão da mudança, a gestão da cadeia de abastecimento **[14]** e a melhoria do desempenho organizacional.

De acordo com **[9]**, as organizações decidem implementar ERP's por diferentes razões:

(i) A necessidade de melhorar o desempenho das operações actuais,

(ii) A necessidade de integrar dados e sistemas

(iii) A necessidade de evitar que uma desvantagem competitiva ou um risco comercial se torne crítico.

No contexto da União Europeia, as TIC são consideradas uma ferramenta fundamental para melhorar os processos empresariais e a eficiência no sector público e para prestar melhores serviços públicos **[37, 39]**. No seu estudo **[9]** salientou que a implementação do ERP pode seguir dois caminhos, ou seja, a escolha de um pacote normalizado, quase pronto a utilizar, com poucos ajustes necessários, e a personalização de um sistema ERP para o adaptar às necessidades da organização. A primeira opção parece ser mais provável do que a segunda, especialmente porque é menos dispendiosa. No entanto, esta padronização forçada pode não se adequar às características da organização e, por sua vez, pode levar ao fracasso da implementação do sistema ERP **[22]**.

De facto, os sistemas ERP exigem que as organizações cumpram os processos empresariais normalizados utilizados para conceber os pacotes de software ERP e o software ERP mais comum, como o SAP, tem processos pré-configurados. Consequentemente, um dos problemas dos sistemas ERP é a sua rigidez **[11]**. Apesar de os sistemas ERP serem considerados rígidos, algumas organizações públicas registaram um maior nível de flexibilidade nos processos organizacionais após a sua implementação **[29]**. Diferentes projectos de implementação de ERP podem enfrentar problemas semelhantes e existem muitas sugestões para uma implementação bem sucedida de ERP na literatura disponível. Por exemplo, alguns autores **[33, 47]** consideram que os factores críticos que influenciam o sucesso da implementação do ERP no sector público são a cultura organizacional, a conduta de implementações tecnológicas anteriores, a gestão das relações e do conhecimento e as estruturas de poder existentes na organização.

Um sistema ERP pode ser definido como "uma solução de software que responde às necessidades empresariais de uma organização, adoptando a perspetiva do processo para atingir os objectivos organizacionais através da integração rigorosa de todas as funções empresariais. Os sistemas ERP são concebidos para integrar rigorosamente os processos empresariais nas organizações" **[13]**. De facto, os ERP baseiam-se numa abordagem de visão "processual" em vez de uma abordagem tradicional de visão "funcional".

Consequentemente, os ERP são úteis para melhorar os processos de produção, para compreender melhor as actividades de valor acrescentado e melhorar a prestação de serviços. Além disso, **[27]** salienta que a atenção dos investigadores na implementação de soluções ERP deve passar dos elementos "duros" para as questões "suaves" relacionadas com essa implementação, ou seja, abordar os problemas relacionados com o ser humano e a cultura organizacional, ao tentar explicar os antecedentes de uma implementação eficiente do ERP. Também é necessária uma intervenção de gestão adequada para uma implementação eficaz do ERP. Além disso, a cultura tem uma influência substancial e definitiva nas organizações, no comportamento organizacional, na gestão das organizações e na implementação do ERP **[3, 10, 14]**, podendo argumentar-se que as diferenças culturais significam que os factores importantes numa cultura podem ser menos importantes noutra, e vice-versa. A investigação tem como objetivo investigar o impacto da introdução de sistemas ERP nos processos organizacionais e nos trabalhadores individuais. Este último está relacionado com as reacções individuais à introdução de tais sistemas de um ponto de vista psicológico e comportamental.

É já bem conhecido que a implementação incorrecta de projectos de software de planeamento de recursos empresariais (ERP) pode causar problemas consideráveis às empresas **[1]**. Por exemplo, em 1999, a Hershey Foods Corporation registou uma queda de 19% nos lucros do terceiro trimestre e um aumento de 29% nas existências em relação ao ano anterior devido a problemas de processamento de encomendas causados pela sua implementação incorrecta de um ERP de 112 milhões de dólares **[20]**. A cidade de Oakland também comunicou problemas de cheques de pagamento em falta ou errados gerados para os funcionários da cidade pelo seu projeto ERP de 21 milhões de dólares **[13]**. A Miller Industries registou uma perda de exploração de 3,5 milhões de dólares no quarto trimestre de 1999 devido aos custos e ineficiências do seu sistema ERP, enquanto a WW Grainger Inc. registou uma redução de 11 milhões de dólares nos lucros de exploração devido à sua implementação incorrecta do ERP **[41]**. Estes números são surpreendentes, mas o que é mais preocupante é o facto de estes casos relatados envolverem o software de todos os principais fornecedores de ERP. Assim, a culpa não pode ser atribuída apenas a um fornecedor. Por outro lado, a McKesson HBOC comunicou uma implementação bem sucedida do seu sistema de back-office ERP de 50 milhões de dólares, que processa agora encomendas de vendas que totalizam 1,5 milhões de itens de linha e 100 milhões de dólares de negócios por dia **[5]**, enquanto a Case Book Water & Power Technologies, um fabricante de sistemas de purificação de água de 30 milhões de dólares, registou melhorias na gestão de materiais, gestão de projectos e produtividade dos empregados devido ao seu sistema ERP **[36]**.

1.2 ANTECEDENTES DA ERP

Todos os aspectos da gestão na era moderna dependem fortemente da informação para prosperar. Trata-se de um recurso importante necessário para desenvolver outros recursos. A evolução das circunstâncias e dos ambientes exigiu a necessidade de uma divulgação adequada da informação a vários níveis da gestão. O desenvolvimento e a utilização de Sistemas de Informação de Gestão (SIG) é um fenómeno moderno que se preocupa com a utilização de informação adequada que conduzirá a um melhor planeamento, a uma melhor tomada de decisões e a melhores resultados. Este artigo explica as ideias de sistemas de informação em geral e, em seguida, centra-se no Planeamento de Recursos Empresariais (ERP) como o sistema de informação mais sofisticado e nos seus problemas, implementação e factores críticos de sucesso para a implementação do ERP. Um sistema de informação utiliza os recursos de pessoas, hardware, software, dados e redes para realizar actividades de entrada, processamento, saída, armazenamento e controlo.

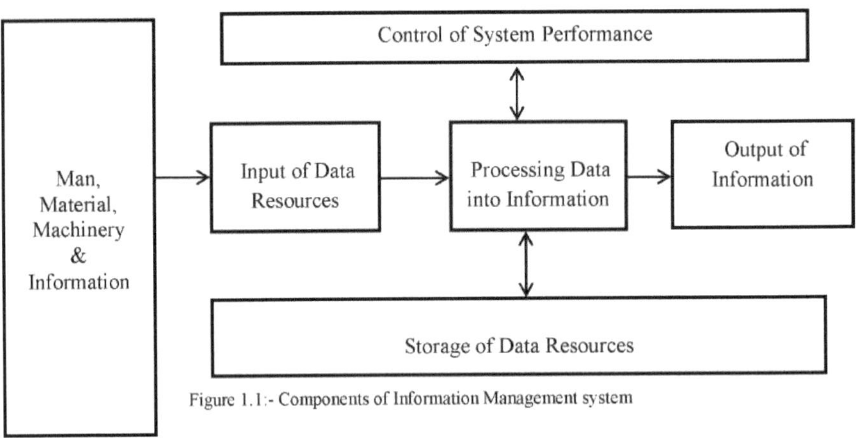

Figure 1.1:- Components of Information Management system

Na década de 1990, cada vez mais empresas começaram a reconhecer a necessidade de uma plataforma comum para a comunicação e integração entre unidades de negócio. Com base no Material Requirement Planning (MRP) e no Manufacturing Resource Planning (MRP II), o Enterprise Resource

Planning (ERP) tornou-se um dos mais importantes desenvolvimentos na utilização empresarial das tecnologias de informação. Muitas organizações implementaram o ERP, na maioria dos casos com a ajuda de consultores empresariais especializados. O sistema ERP reflecte uma nova fase na informação das organizações, integrando vários novos processos de negócio dentro e entre organizações **[10]**. Tornou-se um substituto para os antigos sistemas legados e os muitos esforços de integração entre eles que existiam. Com o tempo, tornou-se também uma ferramenta de integração com fornecedores e clientes, bem como uma fonte de vantagem competitiva. Um sistema ERP proporciona também uma visão global da organização com base em dados em tempo real, fornecendo assim aos gestores dados actualizados que os ajudam na tomada de decisões **[51]**. O cenário da investigação sobre ERP tem sido inundado por relatórios e artigos que afirmam que a maioria das implementações não conseguiu obter os benefícios desejados. As razões são muitas: prazos demasiado curtos, requisitos não suficientemente especificados, métricas incompatíveis utilizadas, falta de comunicação entre consultores e representantes da organização, resistência dos utilizadores ou simplesmente o facto de o sistema ERP escolhido não se adequar à organização. Por conseguinte, os investigadores têm-se ocupado recentemente da investigação sobre a forma de evitar todas estas armadilhas, enumerando os factores críticos de sucesso (CSF) **[29]**, especificando as métricas a utilizar ou fornecendo um quadro mais alargado, explicando em que consiste realmente uma implementação **[43]** Os sistemas de Planeamento de Recursos Empresariais (ERP) são pacotes de software altamente integrados, sistemas complexos para empresas, e milhares de empresas estão a utilizá-los com sucesso em todo o mundo.

1.3 MRP PARA ERP

O ERP (Enterprise Resource Planning) é a evolução do Manufacturing Resource Planning (MRP-II). Do ponto de vista comercial, o ERP expandiu-se da coordenação dos processos de fabrico para os processos backend de toda a empresa. Do ponto de vista tecnológico, o ERP evoluiu de uma implementação herdada para uma arquitetura cliente-servidor em camadas mais flexível.

A história do ERP remonta à década de 1960, quando os sistemas se centravam principalmente no controlo das existências. A maior parte do software dos sistemas foi concebida para gerir o inventário com base nos conceitos tradicionais de inventário. Na década de 1970, assistiu-se a uma mudança de orientação para o MRP (Material Requirement Planning). Este sistema ajuda a traduzir o calendário do plano diretor em necessidades de unidades individuais, como subconjuntos, componentes e outras matérias-primas, e a planear e adquirir as mesmas. Este sistema envolvia principalmente o planeamento das necessidades de matérias-primas. Posteriormente, na década de 1980, surgiu o conceito de MRP-II

(Manufacturing Resource Planning), que envolvia a otimização de todo o processo de produção da fábrica. Embora o MRP-II, no início, fosse a extensão do MRP para incluir as actividades de gestão do chão de fábrica e da distribuição, nos últimos anos o MRP-II foi alargado para incluir áreas como as finanças, os recursos humanos, a engenharia, a gestão de projectos, etc. Assim nasceu o ERP, que abrangia a coordenação e integração interfuncional de apoio ao processo de produção. O ERP, em comparação com os seus antecessores, incluía toda a gama de actividades da empresa.

As funções do ERP excederam as do MRP II. Para além das tecnologias de informação incluídas na definição da APICS, o ERP utiliza inteligência artificial, tem capacidade de simulação e pode ser aplicado à gestão de projectos, integração de funções internas, controlo de qualidade e integração externa com clientes e fornecedores. Diversos relatórios podem ser produzidos conforme a necessidade. Do ponto de vista operacional, com base na gestão da cadeia de abastecimento (SCM) e na gestão da relação com o cliente (CRM), o ERP integra eficazmente os recursos internos e externos da empresa, a fim de reduzir os custos operacionais e satisfazer as exigências do mercado.

Por outras palavras, o ERP tira partido da tecnologia da informação para utilizar, partilhar e afetar eficazmente os recursos internos da empresa, como as finanças, a contabilidade, a produção, o controlo da qualidade, a aquisição de materiais, as vendas e os recursos humanos, com o objetivo de satisfazer as necessidades dos clientes e utilizar os recursos da empresa de forma mais eficaz, satisfazendo simultaneamente os requisitos de qualidade e especificação dos produtos com base em análises atempadas, aumentando assim, em última análise, a rentabilidade. [st]Com base nas alterações das características e da procura do mercado no período compreendido entre os anos 70 e o século XXI, podemos estudar as necessidades e as fontes de evolução do sistema de informação e da tecnologia, compreendendo o ajustamento do enfoque do funcionamento e da gestão das empresas.

Antes de 1998, o sistema ERP era referido como um sistema "interno" de apoio à tomada de decisões da empresa. No entanto, após 1999, o ERP representa um sistema operacional e de gestão que integra informações "internas" e "externas" da empresa. Algumas pessoas chamam-lhe simplesmente ERP alargado (ou seja, EERP). A evolução e as funções do sistema ERP são apresentadas na Figura 1.2.

O percurso de evolução de um sistema ERP pode ser dividido em quatro fases [11]:

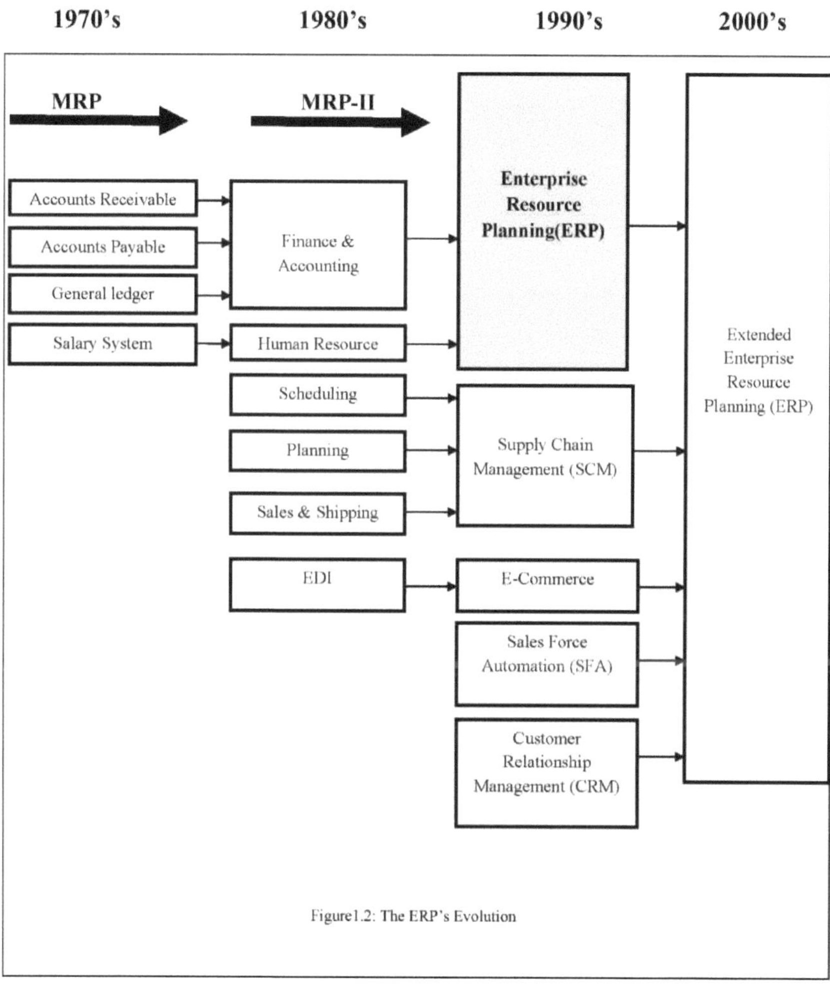

Figure1.2: The ERP's Evolution

1.4 MUDANÇAS NO AMBIENTE DE FABRICO QUE INCULCAM A ERP

1.4.1 ANTES DOS SISTEMAS ERP

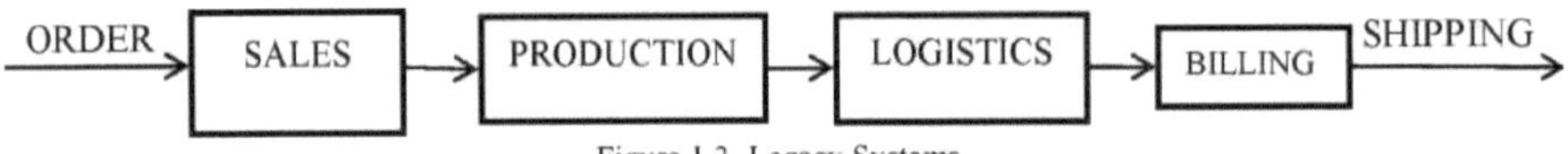

Figure 1.3- Legacy Systems

Antes dos sistemas ERP, os vários departamentos funcionavam de forma isolada e tinham o seu próprio sistema de recolha e análise de dados. Assim, a informação é criada ou gerada pelos vários departamentos. O resultado é que, em vez de conduzir a organização para um objetivo comum, os vários departamentos tendem a puxá-la em direcções diferentes, parecendo que um departamento não sabe o que o outro faz. Os objectivos dos departamentos podem, por vezes, ser contraditórios, por exemplo, os responsáveis pelas vendas e pelo marketing podem querer uma maior variedade de produtos para satisfazer as diferentes necessidades dos clientes, ao passo que o departamento de produção quererá limitar a variedade de produtos para reduzir os custos de produção. Assim, a menos que todos os departamentos saibam o que os outros estão a fazer e com que objetivo, tais conflitos surgirão e perturbarão o funcionamento normal da organização **[24]**.

1.4.2 APÓS SISTEMAS ERP

Um sistema empresarial simplifica os fluxos de dados de uma empresa e fornece à gestão acesso direto a uma grande quantidade de informações operacionais em tempo real. Para muitas empresas, estes benefícios traduziram-se em ganhos dramáticos de produtividade e rapidez. O ERP prevê e equilibra a procura e a oferta. Trata-se de um conjunto de ferramentas de previsão, planeamento e programação, que abrange toda a empresa:

- Liga clientes e fornecedores numa cadeia de abastecimento completa.
- Utiliza processos comprovados para a tomada de decisões.
- Coordena as vendas, o marketing, as operações, a logística, as compras, as finanças, o desenvolvimento de produtos e os recursos humanos.

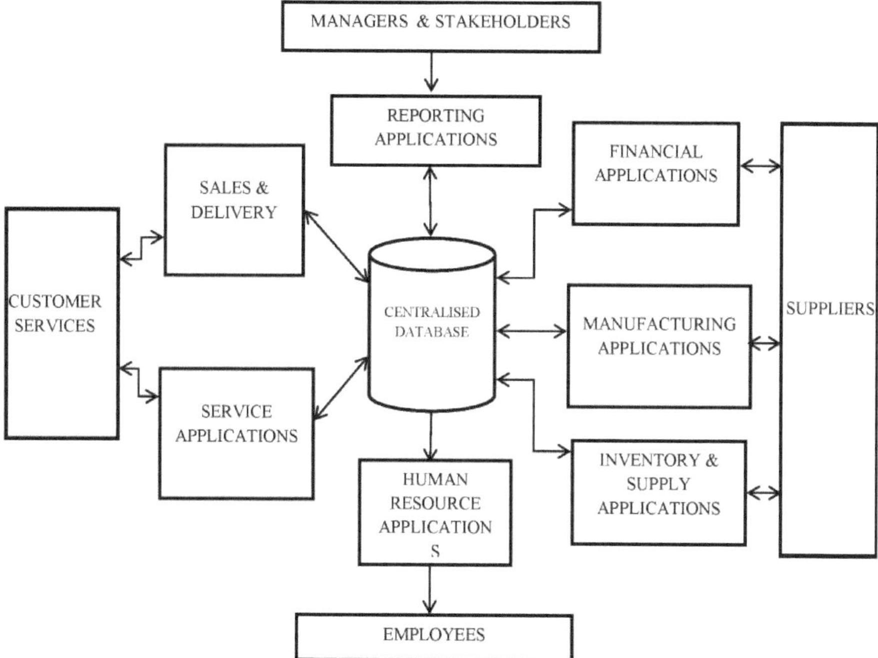

Figure 1.4- Anatomy of an Enterprise System

As empresas investiram recursos consideráveis na implementação de sistemas de planeamento de recursos empresariais (ERP). Os resultados inicialmente esperados raramente foram alcançados. A otimização (ou utilização eficiente) destes sistemas de informação é hoje em dia um fator importante para as empresas que se esforçam por atingir os seus objectivos de desempenho **[43]**.

A reação dos utilizadores de ERP pode ser diferente da de outros tipos de utilizadores de TI devido à complexidade do ERP. A utilização de sistemas ERP implica familiaridade com as funções do ERP e com o domínio do problema da aplicação, uma vez que o ERP se refere a sistemas de software comerciais que visam fornecer as melhores práticas que podem ser integradas nos processos empresariais **[10]**. O sucesso da implementação do ERP (fase inicial do ERP) não conduz necessariamente ao sucesso da pós-implementação do ERP, uma vez que os utilizadores do ERP não têm total vontade de determinar se utilizam os sistemas ERP na fase inicial, enquanto a decisão de continuar a utilizar o ERP e a forma como se adaptam às características distintivas do ERP nem sempre são obrigatórias **[29]**. As indústrias que não utilizam sistemas como o ERP podem dar por si a utilizar vários pacotes de software que podem não funcionar bem uns com os outros **[12]**.

Um aspeto que distingue os sistemas ERP dos sistemas desenvolvidos "tradicionalmente" é o facto de virem com uma espécie de molde de como os processos de uma empresa devem ser moldados. Em vez de criar um sistema completamente adaptado aos processos da empresa, um sistema ERP oferece um conjunto de processos que a organização deve seguir **[1]**. Embora a principal função do sistema seja melhorar o fluxo de informação numa organização, é inevitável que os processos empresariais também sejam afectados **[12]**. Com isto em mente, a implementação de um ERP significa frequentemente uma grande mudança na forma como uma empresa trabalha e abre novas formas de fazer negócios. De facto, a utilização de um ERP como uma solução para resolver problemas operacionais, tais como processos empresariais ineficazes, é frequentemente referida como motivação para a implementação **[10]** afirma que, em todos os tipos de projectos que trazem mudanças para uma organização, a resistência dos funcionários é inevitável. Subsequentemente, isto também é verdade para as implementações de ERP, que se diz ser uma das principais razões para o fracasso do ERP **[24]**.

1.4 NECESSIDADE DO PRESENTE ESTUDO

Os vários objectivos do presente são:

a) O objetivo deste estudo é descrever e analisar os factores que contribuem para o êxito da implementação de um sistema ERP e as partes interessadas no sistema ERP.
b) Reiterar os vários dados e conclusões factuais sobre o sucesso da implementação do ERP na indústria, uma vez que ocorrem desvios da implementação bem sucedida durante as diferentes fases do ERP.
c) A maior parte da investigação incide sobre estudos de casos de diferentes indústrias, mas os dados recolhidos são analisados de forma limitada através de várias técnicas de investigação para verificar os desvios em relação aos factores críticos de sucesso. Por isso, o presente estudo também se centra na análise dos dados.

CAPÍTULO 2

REVISÃO DA LITERATURA

2.1 REVISÃO DA LITERATURA RELACIONADA

O ERP foi concebido pela primeira vez na Índia em 1995 e algumas das indústrias implementaram-no em 1998. A literatura insiste no facto de os sistemas ERP permitirem uma integração perfeita do fluxo de informação e dos processos empresariais em todas as áreas funcionais de uma empresa. Os factores críticos de sucesso para a implementação e utilização de sistemas ERP e os seus efeitos no desempenho organizacional foram analisados a partir dos trabalhos de investigação e existem muitas conclusões inconsistentes e inconclusivas.

1. O estudo **de Amin Hakim & Hamid Hakim [1]** revela que os vários factores de implementação do ERP em várias empresas conduzem a uma implementação bem sucedida do ERP. O estudo revela ainda que o processo de tomada de decisão para a implementação do ERP é analisado a partir de três perspectivas: estratégica, tática e executiva. Estes apoiam a partilha de informações ao longo da cadeia de valor de uma empresa e ajudam a alcançar a eficiência operacional. A literatura apresenta duas correntes de investigação distintas: a primeira centra-se nas capacidades empresariais fundamentais que impulsionam o ERP como conceito estratégico e a segunda nos pormenores associados à implementação de sistemas de informação e ao seu sucesso e custo relativos. A literatura que abrange vários aspectos do ERP, compilada a partir de várias revistas, manuais de referência, manuais, livros de texto, recursos electrónicos, etc., foi brevemente apresentada neste capítulo. Os investigadores abordaram vários aspectos deste sistema nos seus próprios termos e analisaram estas questões em grande pormenor. No presente capítulo, foi feita uma tentativa de avaliar e analisar a evolução e o desenvolvimento da literatura sobre ERP. Foram reconhecidas algumas lacunas, que servirão de base para novas investigações.

2. **Al-Mudimigh et al. [2]** sugeriram que a implementação do ERP é um desafio sociotécnico que requer uma perspetiva fundamentalmente diferente da inovação tecnológica e que dependerá de uma perspetiva equilibrada em que a organização seja considerada como um sistema total. Considera-se que a implementação do ERP assenta em processos e acções comportamentais. A implementação do ERP é um processo que envolve a macro-implementação a nível estratégico

e a micro-implementação a nível operacional. Isto significa, portanto, que a implementação no contexto dos sistemas ERP não é possível através de uma abordagem ON/OFF, segundo a qual a implantação dos novos sistemas produzirá necessariamente os resultados desejados e esperados. Compreender o processo de implementação através de uma perspetiva equilibrada evitará, portanto, quaisquer surpresas desagradáveis e assegurará e orientará o processo de mudança a ser incorporado de uma forma indolor. Uma parte crucial do trabalho com a funcionalidade ERP é a capacidade de otimizar as operações. Ao implementar um sistema, muitas organizações não especificam os seus objectivos organizacionais. As competências profissionais são aumentadas pelos requisitos da nova empresa, após a implementação.

3. O artigo de **Alessandro Spano e Benedetta Bello [4]** relata os resultados de uma pesquisa destinada a investigar o impacto de um sistema ERP nos processos organizacionais e nos funcionários individuais de uma organização do sector público (Conselho Regional Italiano). Através de um método qualitativo (Focus Groups - FG), foram obtidos resultados interessantes: o planeamento da introdução do sistema e os aspectos organizacionais e técnicos parecem ser questões relevantes a abordar para melhorar a eficácia do sistema ERP. Através de um questionário estruturado, uma amostra maior de funcionários será envolvida na segunda fase, com o objetivo de testar os construtos que surgiram com a análise dos GF e as relações entre eles.

4. **Ada wong, Harry scarbrough, Patrick Y.K. Chau, Robert Davison [5]** O estudo começa por analisar a literatura atual relativa aos problemas de implementação do ERP durante as fases de implementação e as causas do fracasso da implementação do ERP. Foi adoptada uma metodologia de investigação de estudo de casos múltiplos para compreender "porquê" e "como" estes sistemas ERP não puderam ser implementados com êxito. Foram entrevistados diferentes intervenientes (incluindo a gestão de topo, o gestor de projeto, os membros da equipa de projeto e os consultores de ERP) destes estudos de caso e foram analisados documentos de implementação de ERP para triangulação. Foi aplicada uma estrutura de ciclo de vida do ERP para estudar o processo de implementação do ERP e os problemas associados em cada fase da implementação do ERP. Foram identificados e analisados catorze factores críticos de insucesso e foram examinados e discutidos três factores críticos de insucesso comuns (fraca eficácia dos consultores, eficácia da gestão de projectos e fraca qualidade da reengenharia dos processos empresariais). É discutida a investigação futura sobre a implementação do ERP e os factores

críticos de insucesso. Espera-se que esta investigação ajude a colmatar a atual lacuna da literatura e forneça conselhos práticos tanto para os académicos como para os profissionais.

5. **Adel M. Aladwani [6]** ao implementar um sistema de planeamento de recursos empresariais (ERP), a gestão de topo depara-se normalmente com uma atitude indesejável por parte dos potenciais utilizadores que, por uma razão ou outra, resistem ao processo de implementação. A gestão de topo deve, por conseguinte, lidar proactivamente com este problema em vez de o enfrentar reactivamente. Neste artigo, descrevo uma abordagem integrada e orientada para o processo para enfrentar o complexo problema social da resistência dos trabalhadores ao ERP.

6. O estudo **de Claire Berchet e Georges Habchi [10]** sugere que a implementação do ERP seja feita através de um modelo de cinco fases: seleção do fornecedor e do software, implementação e integração, estabilização, progressão e evolução.

7. **Chan-Hsing Lo, Chih-Hung Tsai, and Rong-Kwei Li [11]** a implementação bem sucedida de um sistema ERP adequado pode melhorar significativamente o desempenho da empresa. Este estudo visa ajudar as empresas a implementar com êxito o sistema ERP, propondo estratégias e tácticas para resolver os problemas comuns encontrados na implementação do sistema ERP.

8. **Chuck C.H. Law et. al. [12]** examinaram a relação entre o sucesso da adoção de sistemas ERP, a extensão da melhoria dos processos empresariais (BPI) e o desempenho organizacional e investigaram as associações entre os resultados destas iniciativas. Também demonstraram que os resultados organizacionais e a nível do sistema estão sujeitos à influência da intenção estratégica e dos objectivos da empresa ao adotar sistemas ERP. As conclusões implicam que os adoptantes de sistemas ERP devem dedicar atenção e esforço suficientes ao planeamento, à implementação e à gestão de sistemas ERP.

9. **E.W.T. Ngai et. al. 2008 [15]** identificaram um conjunto abrangente de CSE da implementação do ERP, como o plano de negócios, o papel de defensor do projeto, o desenvolvimento de software/sistema, o trabalho em equipa do ERP, a estratégia e a metodologia do ERP, o fornecedor do ERP, a cultura nacional e a avaliação do desempenho. De todos estes factores, o apoio da gestão de topo e a formação e educação são os factores mais críticos para o êxito da aplicação do sistema ERP.

10. **Eric T.G. Wang, Sheng-Pao Shih, James J. Jiang, Gary Klein [16]** Tradicionalmente, vários factores de implementação do ERP têm sido considerados críticos para o sucesso em diversos ambientes empresariais. No entanto, as relações de interação entre estes factores de sucesso da implementação do ERP têm sido negligenciadas. O objetivo deste estudo é explorar os padrões de interação entre os factores de sucesso da implementação do ERP a partir de uma perspetiva de co-variação (co-alinhamento). Conceptualizamos a "consistência" entre os factores que facilitam a implementação do ERP e avaliamo-los em termos do seu impacto positivo na implementação bem sucedida do ERP. Os resultados de um inquérito de campo a 90 empresas transformadoras de Taiwan mostram que a "consistência" entre estes factores facilitadores da implementação do ERP teve um impacto positivo significativo no sucesso da implementação do ERP. Os factores examinados neste estudo incluem o apoio do fornecedor, a competência do consultor, a competência dos membros da equipa do projeto ERP, a liderança do gestor do projeto ERP, o apoio da gestão de topo e o apoio do utilizador. As implicações para gestores e investigadores concluem este estudo.

11. **Elisabeth J. Umble, Ronald R. Haft, M. Michael Umble [17]** Os sistemas de planeamento de recursos empresariais (ERP) são sistemas de informação altamente complexos. A implementação destes sistemas é uma proposta difícil e de custos elevados que exige muito tempo e recursos das empresas. Muitas implementações de ERP foram classificadas como fracassos por não terem atingido os objectivos empresariais pré-determinados. Este artigo identifica os factores de sucesso, as etapas de seleção do software e os procedimentos de implementação críticos para uma implementação bem sucedida. É apresentado e discutido um estudo de caso de uma implementação de ERP com grande sucesso em termos destes factores-chave.

12. **Gargeya e Brady [18],** a capacidade de implementar o ERP com um mínimo de personalização requer a ajuda de vários outros factores, principalmente a racionalização das operações e a reengenharia da empresa - ambos os quais ajudarão a organização a funcionar de forma mais simples. O planeamento minucioso é também um parceiro próximo, uma vez que está presente em todos os planos, desde o âmbito até aos orçamentos.

13. **Hsiu Ju Rebecca Yena, Chwen Sheu [21]** Empresas de todo o mundo fizeram investimentos substanciais na instalação de sistemas de planeamento de recursos empresariais (ERP).

Entretanto, a implementação de sistemas ERP tem-se revelado inesperadamente difícil, e os benefícios finais têm sido incertos. Vários investigadores concluíram que os fracassos são geralmente o resultado de problemas comerciais e não de dificuldades técnicas. Os sistemas ERP afectam a estratégia, a organização e a cultura de uma empresa. A investigação anterior reconheceu a necessidade de planear uma implementação ERP a nível estratégico, mas não oferece orientações específicas. Utilizando o método de estudo de caso que envolve observação direta e entrevistas sistemáticas em cinco empresas de produção dos EUA e de Taiwan, este estudo investiga a relação entre as práticas de implementação do ERP e a estratégia competitiva de uma empresa. Os resultados confirmam a nossa proposta de investigação, segundo a qual a implementação do ERP deve estar alinhada com a estratégia competitiva. São sugeridas directrizes específicas para esse alinhamento. Além disso, identificámos duas outras variáveis, a cultura nacional e as políticas governamentais/empresariais, como sendo críticas para a implementação do ERP em contextos multinacionais. São discutidas as implicações dos resultados para a gestão e as questões de investigação futura.

14. **Huigang Liang et. al. [22]** desenvolvemos e testámos um modelo teórico para investigar a assimilação de sistemas empresariais na fase pós-implementação nas organizações. Especificamente, este modelo explica como a gestão de topo medeia o impacto das pressões institucionais externas no grau de utilização dos sistemas de planeamento de recursos empresariais (ERP). As hipóteses foram testadas utilizando dados de inquéritos a empresas que já implementaram sistemas ERP. Os resultados das análises dos mínimos quadrados parciais sugerem que as pressões miméticas afectam positivamente as crenças da gestão de topo, o que, por sua vez, afecta positivamente a participação da gestão de topo no processo de assimilação do ERP. Por sua vez, confirma-se que a participação da gestão de topo afecta positivamente o grau de utilização do ERP. Os resultados também sugerem que as pressões coercivas afectam positivamente a participação da gestão de topo sem a mediação das crenças da gestão de topo. Surpreendentemente, não encontramos apoio para a nossa hipótese de que a participação da gestão de topo medeia o efeito das pressões normativas na utilização do ERP, mas, em vez disso, descobrimos que as pressões normativas afectam diretamente a utilização do ERP. Os nossos resultados realçam o importante papel da gestão de topo na mediação do efeito das pressões institucionais na assimilação das TI. Confirmamos que as pressões institucionais, que se sabe serem importantes para a adoção e implementação de TI, também contribuem para a assimilação pós-implementação quando os processos de integração são prolongados e os

resultados são dinâmicos e incertos.

15. **José Esteves e Joan Pastor [24]** procuram analisar a relevância dos factores críticos de sucesso ao longo das fases de implementação do ERP. A metodologia de implementação do ERP é utilizada como modelo de referência para a implementação do ERP. Aplicando um método de gestão da qualidade do processo e o método da teoria fundamentada, derivamos uma matriz de factores críticos de sucesso versus processos ERP. Em seguida, avaliam a relevância dos factores críticos de sucesso ao longo das cinco fases do ERP, especificamente dos que estão relacionados com a perspetiva organizacional. Estas conclusões ajudarão os gestores a desenvolver melhores estratégias para supervisionar e controlar os projectos de implementação do ERP.

16. **Jaideep Motwani, Dinesh Mirchandani et. Al.[26]** Este estudo examina os factores que facilitam ou inibem o êxito dos projectos ERP e as medidas que podem ser tomadas para controlar os projectos ERP com problemas. Utiliza uma metodologia de estudo de casos baseada na teoria da mudança dos processos empresariais para comparar uma implementação bem sucedida de um ERP com uma implementação mal sucedida. Os dados foram recolhidos através da realização de entrevistas a vários níveis das organizações em causa e da análise dos seus registos arquivados, quando disponíveis. O estudo propõe que um processo de implementação cauteloso, evolutivo e burocrático, apoiado numa gestão cuidadosa da mudança, em relações de rede e na preparação cultural, pode conduzir a uma implementação bem sucedida do projeto ERP, por oposição a um projeto revolucionário de âmbito autocrático imposto pela gestão de topo, sem preparação organizacional e sem uma gestão adequada da mudança. São igualmente recomendadas algumas acções que podem ajudar a controlar os projectos ERP problemáticos.

17. **Liang et. al. [28]** desenvolveram e testaram um modelo teórico para investigar a assimilação de sistemas empresariais na fase pós-implementação nas organizações. Especificamente, este modelo explica como a gestão de topo medeia o impacto das pressões institucionais externas no grau de utilização dos sistemas de planeamento de recursos empresariais (ERP). As hipóteses foram testadas utilizando dados de inquéritos a empresas que já implementaram sistemas ERP. Os resultados da análise dos mínimos quadrados parciais sugerem que as pressões miméticas afectam positivamente as crenças da gestão de topo, o que, por sua vez, afecta positivamente a participação da gestão de topo no processo de assimilação do ERP.

18. **Liang-Chuan Wu, Chorng-Shyong Ong, Yao-Wen Hsu [30]** embora a implementação do planeamento de recursos empresariais (ERP) tenha sido um dos desafios mais significativos da última década, apresenta uma taxa de insucesso surpreendentemente elevada devido à sua natureza de alto risco. Os riscos da implementação do ERP, que envolvem incertezas técnicas e sociais, devem ser geridos de forma eficaz. As práticas tradicionais de ERP abordam a implementação do ERP como um processo estático. Estas práticas centram-se na estrutura e não no ERP como algo que irá satisfazer as necessidades de uma organização em mudança. Como resultado, muitas incertezas relevantes que não podem ser pré-definidas não são acomodadas e fazem com que a implementação falhe sob a forma de atrasos no projeto e de custos excessivos. O objetivo deste artigo é propor uma perspetiva de gestão ativa da implementação do ERP para gerir os riscos do ERP com base na teoria das Opções Reais (OR), que aborda as incertezas ao longo do tempo e resolve as incertezas em ambientes em mudança que não podem ser predefinidos. Ao gerir ativamente a implementação do ERP, os gestores podem melhorar a sua flexibilidade, tomar medidas adequadas para responder ao ambiente ERP em constante mudança e obter uma implementação do ERP mais bem sucedida.

19. **Mary C. Jones, Melinda Cline, Sherry Ryan [34]** Trata-se de um estudo de casos em vários locais de empresas que implementaram sistemas de planeamento de recursos empresariais (ERP). Examina oito dimensões da cultura e o seu impacto na forma como as equipas de implementação de ERP são capazes de partilhar eficazmente o conhecimento entre diversas funções e perspectivas durante a implementação do ERP. Através da síntese dos dados, desenvolvemos uma configuração cultural que mostra as dimensões da cultura que melhor facilitam a partilha de conhecimentos na implementação do ERP. Os resultados também indicam as formas como as empresas podem ultrapassar as barreiras culturais à partilha de conhecimentos. É desenvolvido um modelo que demonstra a ligação entre as dimensões da cultura e a partilha de conhecimentos durante a implementação do ERP. São também identificadas possíveis questões de investigação nas quais se pode basear a investigação futura.

20. **Pramod Kumar et. al. [38]** sugeriu que as soluções ERP estão a revolucionar a forma como as indústrias produzem bens e serviços. Os sistemas ERP trazem muitos benefícios para as indústrias, integrando firmemente vários departamentos da indústria. Os sistemas ERP são muito grandes e complexos e exigem um planeamento e uma execução cuidadosos da sua implementação. Não são um mero software: afectam a forma como uma empresa se comporta.

O principal fator que contribui para uma implementação bem sucedida do ERP é um forte empenho da gestão de topo, uma vez que uma implementação envolve alterações significativas às práticas comerciais existentes, bem como um enorme investimento de capital. As práticas integradas no ERP permitem selecionar, tanto quanto possível, os trabalhadores certos para participarem no processo de implementação e a motivação é fundamental para o êxito da implementação. O sistema ERP permite que a informação mais actualizada seja partilhada entre as várias funções da empresa, o que resulta numa enorme poupança de custos e num aumento da eficiência.

21. **Princely Ifinedo, Birger Rapp, Airi Ifinedo, Klas Sundberg [40]** Os factores de sucesso da implementação de sistemas de planeamento de recursos empresariais (ERP) têm sido amplamente investigados; no entanto, poucos investigaram o sucesso pós-implementação de ERP em contextos organizacionais. A escassez de pesquisas sobre avaliações de sucesso de sistemas ERP motiva parcialmente esta pesquisa. Para o efeito, o objetivo deste estudo é duplo. Em primeiro lugar, investiga principalmente as relações entre seis construtos ou dimensões do modelo de medição do sucesso do sistema ERP, que foi desenvolvido a partir de estruturas relevantes anteriores. Em segundo lugar, esta investigação contribui para o conjunto de conhecimentos no domínio da avaliação do sucesso dos sistemas de informação (SI), especialmente com o seu enfoque nos pacotes ERP. O modelo alargado de sucesso do sistema ERP foi testado utilizando dados recolhidos num inquérito de campo transversal a 109 empresas em dois países europeus. A modelação de equações estruturais (SEM) foi utilizada para testar seis hipóteses relevantes. Os resultados do SEM mostraram que cinco das seis hipóteses têm associações significativas e positivas. Nomeadamente, os constructos Qualidade do Sistema, Qualidade do Serviço, Impacto Individual, Impacto do Grupo de Trabalho e Impacto Organizacional têm uma forte relevância na concetualização do sucesso do ERP, enquanto que a Qualidade da Informação não tem, pelo menos, no contexto dos nossos dados. Discute-se a pertinência dos resultados do estudo para a avaliação do sucesso dos SI, bem como as suas implicações para a prática e a investigação.
22. **Parijat Upadhyay et. al. [41]** tenta explorar e identificar as questões que afectam a implementação do Enterprise Resource Planning (ERP) no contexto das pequenas e médias empresas (PME) e das grandes empresas indianas. As questões que são consideradas mais importantes para as grandes empresas podem não ter a mesma importância para as pequenas e médias empresas e, por conseguinte, replicar a experiência de implementação que se aplica às

grandes organizações não será uma abordagem sensata por parte dos vendedores de implementação que visam as pequenas empresas. O presente documento tenta destacar as questões específicas em que é necessário adotar uma abordagem diferente. A análise de Pareto foi aplicada para identificar os problemas das PME e das grandes empresas indianas, de acordo com a literatura publicada. Além disso, ao fazer uma análise comparativa entre as questões identificadas para as grandes empresas indianas e as PME, quatro questões provaram ser cruciais para as PME na Índia, mas não para as grandes empresas, tais como uma estratégia adequada de implementação do sistema, um âmbito claramente definido do procedimento de implementação, um planeamento adequado do projeto e uma personalização mínima do sistema selecionado para implementação, devido a algumas limitações enfrentadas pelas PME indianas em comparação com as grandes empresas.

23. **Ramin Vandaie, Knowledge-Based Systems [42]** Uma estratégia empresarial eficaz centra-se numa utilização agressiva e eficiente das tecnologias da informação; por esta razão, os sistemas ERP surgiram como o núcleo de uma gestão da informação bem sucedida e a espinha dorsal da organização. Um sistema ERP bem sucedido simplificará os processos dentro de uma empresa e melhorará a sua eficácia global, proporcionando simultaneamente um meio de melhorar externamente o desempenho competitivo, aumentar a capacidade de resposta aos clientes e apoiar iniciativas estratégicas.

24. **Shih-Wei Chou, Yu-Chieh Chang [43]** A melhoria do desempenho dos sistemas ERP continua a ser uma questão importante. Este estudo examina o desempenho do ERP na fase pós-implementação, particularmente a partir da perspetiva da intervenção gerencial. Especificamente, propusemos que tanto a personalização como os mecanismos organizacionais afectam os benefícios intermédios (incluindo a melhoria da coordenação e a eficiência das tarefas), que por sua vez influenciam os benefícios globais. Foi utilizado um inquérito a nível da empresa para recolher dados. Os nossos resultados apoiam a hipótese proposta. Também fornecemos implicações para gestores e investigadores.

25. **Severin V. Grabski, Stewart A. Leech Muitas [48]** organizações procuraram melhorar a sua competitividade investindo em tecnologias da informação avançadas, como os sistemas de planeamento de recursos empresariais (ERP). Estas organizações implementaram sistemas ERP por várias razões, incluindo a resolução de problemas relacionados com o ano 2000, a reengenharia de processos empresariais e a facilitação do comércio eletrónico. No entanto, a

implementação de um sistema ERP e as alterações associadas aos processos empresariais não são simples. Os projectos de implementação de ERP são apenas mais um exemplo de um projeto de desenvolvimento de sistemas de informação que necessita de ser controlado, mas a implementação de um sistema ERP é significativamente diferente da implementação de um sistema tradicional. O controlo pode ser exercido por meios formais e informais que controlam os projectos de desenvolvimento de sistemas de informação. A investigação demonstrou que os modos de controlo únicos não são suficientes, devendo antes ser utilizada uma carteira de modos de controlo. Desenvolvemos este conceito e sugerimos que esta necessidade de uma mistura de mecanismos de controlo sobrepostos e redundantes identificados na literatura é explicada através da utilização da teoria da complementaridade. A economia da produção moderna. Complementaridades e adequação: Estratégia, estrutura e mudança organizacional na indústria transformadora. Foram realizados inquéritos a directores de informação e auditores internos para obter dados sobre os controlos utilizados nas implementações de ERP. Concluímos que é necessário recorrer a grupos de controlos complementares na implementação de sistemas ERP para obter uma implementação bem sucedida.

26. **V. Botta-Genoulaz et al [51]** verificaram que, nas indústrias, o controlo das apostas dos sistemas integrados não se pode limitar às fases de implementação ou de implantação. Uma melhor utilização destes sistemas de informação conduz as indústrias a novas organizações e a uma adaptação contínua da estratégia da indústria. O controlo das apostas não pode limitar-se às fases de implementação ou de implantação.

27. **Valerie Botta-Genoulaz, Pierre-Alain Millet [51]** As empresas investiram recursos consideráveis na implementação de sistemas de planeamento de recursos empresariais (ERP). Os resultados inicialmente esperados raramente foram alcançados. A otimização (ou utilização eficiente) destes sistemas de informação é hoje em dia um fator importante para as empresas que procuram atingir os seus objectivos de desempenho. Depois de apresentar uma síntese de vários estudos sobre os projectos ERP, baseamo-nos nos resultados de uma investigação francesa sobre a avaliação e a otimização do desempenho dos ERP. É proposta uma classificação das posições das empresas relativamente à sua utilização do ERP, com base na maturidade do software e nas orientações estratégicas de implementação, bem como um processo de melhoria. Casos industriais permitem validar esta abordagem.

28. **V. Botta- Genoulaz, P.-A. Millet, B. Grabot [51]** 70% de todos os projectos ERP não são totalmente implementados, mesmo ao fim de três anos. Não existe uma única razão responsável ou individual para o fracasso ou sucesso da implementação do ERP. Existem dois níveis de fracasso:

> Fracasso total.

> Falha parcial.

No insucesso total, o projeto é interrompido antes da sua implementação ou causa graves prejuízos financeiros e funcionais à empresa. No insucesso parcial, a empresa ganhará alguns processos de ajustamento, mas terá algumas perturbações no trabalho quotidiano.

29. O artigo de **Young B. Moon [35]** é uma revisão dos trabalhos publicados em várias revistas sobre os temas do Planeamento de Recursos Empresariais (ERP) entre janeiro de 2000 e maio de 2006. No total, foram analisados 313 artigos de 79 revistas. O artigo pretende servir três objectivos. Em primeiro lugar, será útil para os investigadores interessados em compreender que tipos de questões têm sido abordadas na área do ERP. Em segundo lugar, o artigo será um recurso útil para a procura de tópicos de investigação. Em terceiro lugar, servirá como uma bibliografia abrangente dos artigos publicados durante o período. A literatura é analisada sob seis temas principais e nove subtemas.

30. **Zhe Zhang, Matthew K.O. Lee [57]** O sistema de planeamento de recursos empresariais (ERP) é uma das opções mais amplamente aceites para obter vantagens competitivas para as empresas transformadoras. No entanto, a taxa de sucesso da implementação é baixa e muitas empresas não atingiram os objectivos pretendidos na China. Este estudo desenvolve um quadro de sucesso da implementação do ERP, adaptando o modelo de investigação dos sistemas de informação (SI) de Ives et al. e o modelo de sucesso dos SI de Del one e McLean para identificar tanto os factores críticos de sucesso como as medidas de sucesso. A metodologia de investigação qualitativa de estudo de caso é utilizada para recolher dados e para facilitar a análise dos mesmos. Por último, é efectuada uma discussão e, no final, é sugerida uma metodologia de implementação de sistemas ERP.

2.2 LACUNAS NA INVESTIGAÇÃO

A revisão da literatura e os antecedentes históricos dos sistemas ERP sugerem que as aplicações dos sistemas ERP noutras áreas que não as grandes indústrias transformadoras têm sido raras e inconsistentes. Existem poucos dados sobre a aplicação do ERP no sector dos serviços, que tem um potencial significativo na Índia. Pode tentar-se explorar a aplicação do sistema ERP e analisar o seu impacto nas organizações de serviços. Também existem poucas provas na literatura sobre a implementação do ERP em indústrias de pequena dimensão. Não foi proposta uma análise de variância no domínio do ERP.

2.3 OBJECTIVOS DO ESTUDO

1. Descrever e analisar os factores críticos significativos de sucesso/fracasso responsáveis pelo sucesso ou fracasso da aplicação do ERP.

2. Recapitular as várias prescrições e bases/evidências para a aplicação do ERP em indústrias transformadoras seleccionadas.

3. Análise dos dados recolhidos.

CAPÍTULO 3

ELEMENTOS ERP E SUAS IMPLEMENTAÇÕES

3.1 INTRODUÇÃO

O ERP é uma arquitetura de software que facilita o fluxo de informações entre as diferentes funções de uma empresa. Do mesmo modo, o ERP facilita a partilha de informações entre unidades organizacionais e localizações geográficas. Permite que os decisores tenham uma visão global da informação de que necessitam, de forma atempada, fiável e consistente.

O ERP constitui a espinha dorsal de um sistema de informação para toda a empresa. O núcleo deste software empresarial é uma base de dados central que extrai e alimenta dados de aplicações modulares que funcionam numa plataforma informática comum, normalizando assim os processos empresariais e as definições de dados num ambiente unificado. Com um sistema ERP, os dados só têm de ser introduzidos uma vez. O sistema proporciona consistência e visibilidade ou transparência em toda a empresa. Uma das principais vantagens do ERP é o acesso mais fácil a informações fiáveis e integradas. Um benefício relacionado é a eliminação de dados redundantes e a racionalização de processos, que resultam em economias substanciais de custos.

A integração entre as funções empresariais facilita a comunicação e a partilha de informações, conduzindo a ganhos dramáticos em termos de produtividade e rapidez. A Cisco Systems, por exemplo, aproveitou o ERP para a ajudar a tornar-se líder de mercado no sector das redes globais. O sistema ERP da Cisco foi a espinha dorsal que permitiu o seu novo modelo de negócio, o Global Networked Business, baseado na utilização de comunicações electrónicas para criar relações interactivas e baseadas no conhecimento com os seus clientes, parceiros comerciais, fornecedores e empregados. Neste processo, a Cisco duplicou a sua dimensão todos os anos e obteve centenas de milhões de dólares em poupanças de custos e aumentos de receitas. A Autodesk, uma empresa de software de conceção assistida por computador, registou uma diminuição dos tempos de execução das encomendas de duas semanas para 24 horas após a instalação de um sistema ERP. Há muitos exemplos semelhantes no ambiente empresarial atual.

3.2 PLANO DE IMPLEMENTAÇÃO DO ERP

O diagrama de fluxo da figura apresentada mostra várias actividades que devem ser realizadas antes da implementação de um sistema ERP.

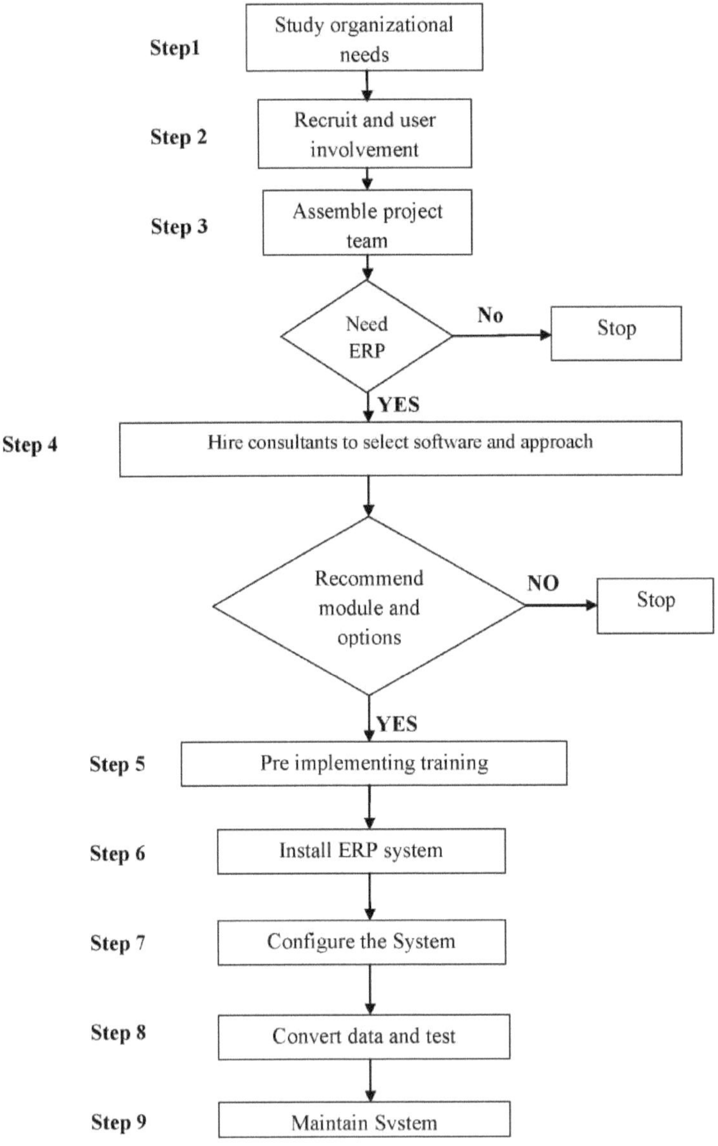

Figure 3.1: Flow chart of ERP implementation

Passo 1: Os gestores devem realizar um estudo de viabilidade da situação atual para avaliar as necessidades da organização, analisando a disponibilidade de hardware, software, bases de dados e conhecimentos informáticos internos, e tomar a decisão de implementar o ERP onde a integração é essencial. Devem também definir metas de melhoria e estabelecer objectivos para a implementação, bem como calcular os pontos de equilíbrio e os benefícios a obter com este dispendioso investimento em TI.

Etapa 2: A segunda grande atividade consiste em educar e recrutar os utilizadores finais para participarem em todo o processo de implementação.

Passo 3: Os gestores formam uma equipa de projeto ou um comité de direção composto por especialistas de todas as áreas funcionais para liderar o projeto.

Passo 4: Após a decisão de implementar o ERP, será contratada uma equipa de consultores de sistemas para avaliar a adequação da implementação de um sistema ERP e para ajudar a selecionar o melhor fornecedor de software empresarial e a melhor abordagem para a implementação do ERP. Na maioria das situações, a equipa de consultores também recomenda os módulos mais adequados às operações da empresa (fabrico, finanças, recursos humanos, logística, previsões, etc.), às configurações do sistema e às aplicações Business-to-Business, tais como a gestão da cadeia de abastecimento, a gestão das relações com os clientes, as compras electrónicas e o mercado eletrónico.

Etapa 5: Antes da implementação do sistema, deve ser ministrada formação adequada a todos os funcionários e gestores, incluindo gestores, utilizadores finais, clientes e fornecedores. Esta formação é normalmente personalizada e pode ser ministrada por formadores internos ou externos.

Etapa 6: O processo de instalação do sistema abordará questões como a configuração do software, a aquisição de hardware e o teste do software.

Etapas 7, 8 e 9: Os dados e informações das bases de dados devem ser convertidos para o formato utilizado no novo sistema ERP e os servidores e redes devem ser actualizados. Uma análise pós-implementação

é recomendado para garantir que todos os objectivos comerciais estabelecidos durante a fase de planeamento sejam alcançados. As alterações necessárias também são abordadas durante esta fase.

3.3 QUESTÕES RELATIVAS À IMPLEMENTAÇÃO DO ERP

A implementação de um ERP provoca uma mudança maciça que precisa de ser cuidadosamente gerida para colher os benefícios de uma solução ERP. As questões críticas que devem ser cuidadosamente consideradas para garantir uma implementação bem sucedida incluem questões fundamentais, processo de mudança organizacional, pessoas, custos e tempo de implementação e moral dos funcionários. As questões pertinentes são:

3.3.1 Questões fundamentais

A implementação de um sistema ERP pode ser longa, dispendiosa e trabalhosa e pode afetar os resultados de uma organização se for feita incorretamente. Para garantir o sucesso de qualquer projeto de implementação de um ERP, deve ser criada uma equipa de projeto constituída por um consultor de ERP, uma auditoria interna e um pessoal de TI familiarizado com as operações comerciais da empresa, devendo o seu papel ser definido.

(a) Papel do gestor

O gestor deve considerar as questões fundamentais da integração de sistemas, analisando a visão e os objectivos empresariais da organização.

- A administração compreende plenamente os seus actuais processos empresariais e pode tomar decisões de implementação em tempo útil?
- A administração está disposta a empreender esforços drásticos de reengenharia dos processos empresariais para obter resultados dramáticos?
- A direção da empresa está disposta a alterar a estrutura, as operações e o ambiente cultural para se adaptar às opções configuradas no sistema ERP?
- A organização está preparada financeira e economicamente para investir fortemente na implementação de um ERP?

(b) Papel de um auditor

Os auditores desempenham um papel proactivo ao ajudarem a organização a estabelecer as bases para o sucesso de uma iniciativa, com o seu conhecimento das práticas de controlo interno, requisitos de conformidade e processos empresariais. Em particular, os auditores internos podem:

Abreviaturas de documentos e sua função;

- Identificar os documentos utilizados no quotidiano da organização.
- Compilar uma lista dos conjuntos de dados mestre da organização.
- Enumere os controlos internos que são aplicados e adoptados durante cada fase do processo empresarial.
- Criar uma lista dos relatórios de informação de gestão atualmente utilizados e gerados recentemente.

(c) Compromisso da gestão de topo

Os gestores devem explorar as futuras questões relacionadas com as tecnologias de comunicação e de computação, a fim de integrar os sistemas ERP com as aplicações de comércio eletrónico na sua organização e decidir sobre as principais questões relacionadas com a implementação e a atividade empresarial. Devido ao enorme impacto na vantagem competitiva da empresa, a gestão de topo deve considerar as implicações estratégicas da implementação de uma solução ERP, tendo em conta a dimensão da empresa e os módulos instalados. A gestão deve colocar várias questões antes de iniciar o projeto.

- O sistema ERP reforça a posição competitiva da empresa? Como é que pode prejudicar a posição competitiva da empresa?
- Como é que o ERP afecta a estrutura e a cultura organizacionais? Qual é o âmbito da implementação do ERP --- apenas algumas unidades funcionais ou toda a organização?
- Existem alternativas que satisfaçam melhor as necessidades da empresa do que um sistema ERP?

Se se tratar de uma empresa multinacional, a direção deve preocupar-se em saber se será melhor implementar o sistema a nível global ou restringi-lo a determinadas unidades regionais?

3.3.2 Processo de Mudança Organizacional

A implementação do ERP exige que as organizações procedam à reengenharia dos seus principais processos empresariais, à integração do ERP com outros sistemas de informação empresarial e à seleção dos trabalhadores adequados para os novos sistemas.

(a) Reengenharia do processo existente

A implementação de um sistema ERP implica a reengenharia dos processos empresariais existentes de acordo com o melhor padrão de processos empresariais que, no final, devem estar em conformidade com o modelo ERP. Os sistemas ERP são construídos com base nas melhores práticas seguidas no sector, embora o custo e os benefícios do alinhamento com um modelo ERP e da personalização possam ser muito elevados. Quanto maior for a personalização, maiores serão os custos de implementação.

(b) Integração do ERP com outros BIS

Os benefícios de uma aplicação ERP são limitados se esta não estiver perfeitamente integrada com outros sistemas de informação.

Alguns dos principais domínios em causa são:

- Integração de módulos ERP
- Integração de aplicações E-Business
- Integração com sistemas legados

(c) Seleção dos trabalhadores certos

As empresas que tencionam implementar um sistema ERP devem estar dispostas a delicar alguns dos seus melhores funcionários para o projeto, para que a implementação seja bem sucedida. Os recursos internos do projeto devem ter a capacidade de compreender as necessidades globais da empresa e desempenhar um papel importante na orientação dos esforços do projeto na direção certa. As empresas devem considerar orientações abrangentes ao selecionar os recursos internos para o projeto. A falta de uma compreensão adequada das necessidades do projeto e a incapacidade de os recursos internos da empresa fornecerem liderança e orientação ao projeto é uma das principais razões para o fracasso dos projectos ERP.

(d) Formação dos trabalhadores

A formação e a atualização dos trabalhadores em matéria de ERP constituem um grande desafio, uma vez que são extremamente complexas e exigentes. É difícil para os formadores ou consultores transmitir os conhecimentos do pacote ERP aos trabalhadores num curto espaço de tempo. Esta transferência de conhecimentos torna-se mais difícil se os empregados não tiverem conhecimentos de informática ou tiverem fobia de computadores. Para além de aprenderem a tecnologia ERP, os trabalhadores têm de aprender as suas novas responsabilidades.

3.3.3 Custo e tempo de implementação

Custo de implementação: Embora o preço do software pré-escrito seja baixo em comparação com o desenvolvimento interno, o custo total de implementação pode ser três a cinco vezes superior ao preço de compra do software. Os custos de implementação aumentam à medida que o grau de personalização aumenta. Após a formação dos empregados seleccionados, estratégias como programas de bónus, regalias da empresa, aumentos salariais, formação e educação contínuas e apelos à lealdade para com a empresa servem para os reter. Outras estratégias intangíveis, como horários de trabalho flexíveis, opções de teletrabalho e oportunidades de trabalhar com tecnologias de ponta, também estão a ser utilizadas.

Tempo de implementação: Os sistemas ERP são fornecidos de forma modular e não têm de ser implementados de uma só vez. Os pacotes de ERP são muito gerais e precisam de ser configurados para um tipo específico de empresa, podendo seguir uma abordagem faseada com a implementação de um módulo de cada vez. Alguns dos módulos mais frequentemente instalados são os módulos de vendas e distribuição (SD), gestão de materiais (MM), produção e planeamento (PP) e finanças e controlo (FI). A duração da implementação é afetada pelo número de módulos a implementar, o âmbito da implementação, a extensão da personalização e o número de interfaces com outras aplicações. Quanto maior for o número de unidades, maior será o tempo de implementação. Além disso, à medida que o âmbito da implementação cresce de uma única unidade de negócio para várias unidades espalhadas por todo o mundo, a duração da implementação aumenta.

3.3.4 Moral dos Colaboradores Os colaboradores que trabalham num projeto de implementação de um ERP fazem longas horas de trabalho (até 20 horas por dia), incluindo semanas de sete dias e até férias. Embora a experiência seja valiosa para o seu crescimento profissional, o stress da implementação, juntamente com as tarefas normais do trabalho, pode diminuir rapidamente o seu moral. A liderança da gestão de topo, o apoio e os actos de carinho dos chefes de projeto iriam certamente aumentar o moral dos membros da equipa. Outras estratégias, como levar o trabalhador a visitas de estudo, poderiam ajudar a reduzir o stress e a melhorar o moral.

CAPÍTULO 4

MÉTODOS DE INVESTIGAÇÃO

4.1 INTRODUÇÃO

O objetivo deste capítulo é explicar a conceção e a metodologia da investigação que foram seguidas para chegar à conclusão do tema da investigação. O processo de investigação / metodologia e o papel dos conceitos e da teoria são aqui discutidos.

4.2 DEFINIÇÃO DE INVESTIGAÇÃO

A investigação é um inquérito estruturado que utiliza uma metodologia científica aceitável para resolver problemas e criar novos conhecimentos de aplicação geral. Os métodos científicos consistem na observação, classificação e interpretação sistemáticas dos dados. Apesar de nos envolvermos neste processo na nossa vida quotidiana, a diferença entre a nossa generalização casual do dia a dia e as conclusões geralmente reconhecidas como método científico reside no grau de formalidade, rigor, verificabilidade e validade geral destas últimas.

Quando se diz que se está a realizar um estudo de investigação para encontrar respostas a uma pergunta, está-se a insinuar que o processo;

1. Está a ser realizado no âmbito de um conjunto de filosofias (abordagens);
2. utiliza procedimentos, métodos e técnicas cuja validade e fiabilidade foram testadas;
3. Foi concebido para ser imparcial e objetivo;

As filosofias significam abordagens, por exemplo, qualitativas, quantitativas e a disciplina académica em que se formou.

Validade significa que foram aplicados procedimentos correctos para encontrar respostas a uma pergunta. A fiabilidade refere-se à qualidade de um procedimento de medição que proporciona repetibilidade e exatidão.

Imparcial e objetivo significa que deu cada passo de forma imparcial e chegou a cada conclusão da melhor forma possível e sem introduzir os seus próprios interesses. (A parcialidade é uma tentativa deliberada de ocultar ou realçar algo).

A observância dos três critérios acima referidos permite que o processo seja designado por "investigação". No entanto, o grau em que se espera que estes critérios sejam cumpridos varia de disciplina para disciplina, pelo que o significado de "investigação" difere de uma disciplina académica para outra.

A diferença entre a atividade de investigação e a atividade que não é de investigação está na forma como encontramos as respostas: o processo deve cumprir determinados requisitos para ser designado por investigação. Podemos identificar esses requisitos examinando algumas definições de investigação.

A palavra investigação é composta por duas sílabas, re e search. Re é um prefixo que significa "de novo", "novo" ou "de novo", search é um verbo que significa "examinar de perto e cuidadosamente", "testar e experimentar" ou "sondar". Em conjunto, formam um substantivo que descreve um estudo e uma investigação cuidadosos, sistemáticos e pacientes num determinado domínio do conhecimento, realizados para estabelecer factos ou princípios.

4.3 TIPOS DE INVESTIGAÇÃO

A investigação pode ser classificada de acordo com três perspectivas:

1. Aplicação do estudo de investigação
2. Objectivos da investigação
3. Modo de inquérito utilizado

1. Aplicação do estudo de investigação:

Do ponto de vista da aplicação, existem duas grandes categorias de investigação:

- investigação pura e
- investigação aplicada.

A investigação pura consiste em desenvolver e testar teorias e hipóteses que constituem um desafio intelectual para o investigador, mas que podem ou não ter aplicação prática no presente ou no futuro. O conhecimento produzido através da investigação pura é procurado com o objetivo de contribuir para o conjunto de métodos de investigação existentes.

A investigação aplicada é feita para resolver questões específicas e práticas; para a formulação de políticas, administração e compreensão de um fenómeno. Pode ser exploratória, mas é geralmente descritiva. É quase sempre efectuada com base na investigação fundamental. A investigação aplicada pode ser levada a cabo por instituições académicas ou industriais. Muitas vezes, uma instituição académica, como uma universidade, tem um programa específico de investigação aplicada financiado por um parceiro industrial interessado nesse programa.

2. Objectivos da investigação:

Do ponto de vista dos objectivos, uma investigação pode ser classificada como
-descritivo
-co relacional
-explicativo
-exploratório

A investigação *descritiva* tenta descrever sistematicamente uma situação, um problema, um fenómeno, um serviço ou um programa, ou fornece informações sobre, por exemplo, as condições de vida de uma comunidade, ou descreve atitudes em relação a uma questão.

A investigação *co-relativa* tenta descobrir ou estabelecer a existência de uma relação/interdependência entre dois ou mais aspectos de uma situação.

A investigação *explicativa* procura esclarecer por que razão e como existe uma relação entre dois ou mais aspectos de uma situação ou fenómeno.

A investigação *exploratória* é realizada para explorar uma área onde pouco se sabe ou para investigar as possibilidades de realizar um determinado estudo de investigação (estudo de viabilidade / estudo-piloto).
Na prática, a maioria dos estudos é uma combinação das três primeiras categorias.

3. Modo de inquérito utilizado:

A partir do processo adotado para encontrar respostas às questões de investigação - as duas abordagens são:
- Abordagem estruturada
- Abordagem não estruturada

A abordagem estruturada do inquérito é geralmente classificada como investigação quantitativa. Neste caso, tudo o que constitui o processo de investigação - objectivos, conceção, amostra e as perguntas que se tenciona fazer aos inquiridos - está pré-determinado. É mais adequado determinar a extensão de um problema, questão ou fenómeno através da quantificação da variação, por exemplo, quantas pessoas têm um determinado problema? Quantas pessoas têm uma determinada atitude?

A abordagem não estruturada do inquérito é geralmente classificada como investigação qualitativa. Esta abordagem permite flexibilidade em todos os aspectos do processo de investigação. É mais adequada para explorar a natureza de um problema, questão ou fenómeno sem o quantificar. O principal objetivo é descrever a variação de um fenómeno, situação ou atitude. Por exemplo, a descrição de uma situação observada, a enumeração histórica de acontecimentos, um relato das diferentes opiniões que diferentes pessoas têm sobre uma questão, a descrição das condições de trabalho num determinado sector. Ambas as abordagens têm o seu lugar na investigação. Ambas têm os seus pontos fortes e fracos.

Em muitos estudos, é necessário combinar abordagens qualitativas e quantitativas. Por exemplo, suponha que tem de encontrar os tipos de cozinha/alojamento disponíveis numa cidade e o grau da sua popularidade.

Os tipos de cozinha constituem o aspeto qualitativo do estudo, uma vez que a sua descoberta implica a descrição da cultura e da cozinha

O grau de popularidade é o aspeto quantitativo, pois envolve a estimativa do número de pessoas que visitam os restaurantes que servem essa cozinha e o cálculo de outros indicadores que reflectem o grau de popularidade.

4.4 MÉTODOS DE RECOLHA DE DADOS

Ao decidir sobre o método de recolha de dados a utilizar no estudo, o investigador deve ter em mente dois tipos de dados: primários e secundários. Os *dados primários* são aqueles que são recolhidos de novo e pela primeira vez, pelo que têm um carácter original. Os dados *secundários, por* outro lado, são aqueles que já foram recolhidos por outra pessoa e que já passaram pelo processo estatístico. O investigador terá de decidir que tipo de dados irá utilizar (ou seja, recolher) para o seu estudo e, consequentemente, terá de selecionar um ou outro método de recolha de dados.

Existem vários métodos de recolha de dados primários, nomeadamente nos inquéritos e nas investigações descritivas. Os mais importantes são:

(i) método de observação,

(ii) método de entrevista,

(iii) através de questionários,

(iv) através de horários

Recolha de dados através de questionários:

Este método de recolha de dados é bastante popular, especialmente no caso de grandes inquéritos. Está a ser adotado por particulares, investigadores, organizações privadas e públicas e até por governos. Neste método, é enviado um questionário (geralmente por correio) às pessoas em causa, pedindo-se-lhes que respondam às perguntas e devolvam o questionário. Um questionário é constituído por um certo número de perguntas impressas ou dactilografadas numa ordem definida num formulário ou conjunto de formulários. O questionário é enviado por correio aos inquiridos, que devem ler e compreender as perguntas e escrever a resposta no espaço reservado para o efeito no próprio questionário. Os inquiridos têm de responder às perguntas por si próprios. O método de recolha de dados através do envio de questionários aos inquiridos é mais amplamente utilizado em vários inquéritos económicos e empresariais.

Estamos a utilizar este tipo de método. Para o efeito, as principais questões foram destacadas do estudo bibliográfico e consideradas para inclusão no questionário. As perguntas foram formuladas de modo a abranger todos os aspectos do ERP que tinham sido identificados como importantes no estudo bibliográfico. São utilizadas perguntas de escala em que são fornecidas escolhas múltiplas, dando uma ideia de um desenvolvimento em tamanho ou ordem de algo. Em algumas perguntas, a escala de Likert também é utilizada para obter a atitude do inquirido, perguntando-lhe em que medida concorda ou discorda. Também são utilizadas perguntas de resposta binária que oferecem apenas duas alternativas, ou seja, sim ou não.

4.5 INQUÉRITO REAL

Depois de conceber o questionário com a ajuda dos profissionais do sector, os questionários foram enviados a diferentes indústrias e, finalmente, as respostas foram recolhidas para efeitos de análise, tendo sido preparada uma folha de respostas para as respostas a cada pergunta das diferentes indústrias. O questionário utilizado é apresentado no Anexo B.

CAPÍTULO 5

RESULTADOS DO INQUÉRITO

5.1 PREÂMBULO

Este capítulo foi concebido com o objetivo de explicar os resultados da investigação sobre o impacto da aplicação do ERP nos vários desempenhos comerciais e de produção das várias indústrias transformadoras. Os resultados utilizaram o questionário como feedback que foi distribuído nas indústrias transformadoras seleccionadas e também foram realizadas entrevistas em algumas indústrias para obter o feedback das várias empresas transformadoras seleccionadas. O questionário foi enviado a trinta e uma indústrias e apenas dezassete indústrias responderam ao questionário.

Table 5.1: List of industries responded to the questionnaire

S.NO.	Industry Name	ERP software used	Amount Spend
1.	Anand Nishikawa Pvt. Ltd., Lalru	SAP	2 Cr.
2.	Godrej & Boyce Ltd., Mumbai	BAAN	5 Cr.
3.	Trident Industries Ltd., Ludhiana	SAP	10-12 Cr.
4.	Eastman Industries Ltd., Ludhiana	RAMCO 3X	40 Lakhs
5.	G.S. Internationals Ltd., Ludhiana	SELF MADE ERP	....
6.	Tata Motors Ltd., Jamshedpur	SAP	....
7.	Spray Engg. Devices Ltd., Baddi	BAAN	1 Cr.
8.	NTPC, Noida	SAP	150 Cr.
9.	Escorts Tractors Ltd., Faridabad	ORACLE	....
10.	Nestle India Ltd., Moga	SAP	5-6 Cr.
11.	Central Tool Room, Ludhiana	SAP	10 Cr.
12.	Everest Electromagnet Ltd., Pune	THROUGHPUT	....
13.	Eicher Tractors Ltd., Alwar	ORACLE	....
14.	Trident Industries Ltd., Barnala	SAP	10-12 Cr.
15.	Mahindra & Mahindra Ltd., Pune	SAP	....
16.	Mahindra & Mahindra Ltd. Mohali	SAP	1 Cr.

O questionário está dividido em seis secções. As perguntas destas secções baseiam-se no perfil da empresa, no perfil comercial e de gestão, no perfil técnico, na implementação do ERP, no orçamento incluído durante a implementação do ERP e nos trabalhadores envolvidos na empresa. As conclusões baseiam-se nas informações recolhidas a partir das respostas ao questionário e das entrevistas realizadas nas indústrias transformadoras seleccionadas.

5.2 RESPOSTA AO QUESTIONÁRIO

As respostas às trinta e uma perguntas, tal como se descreve a seguir, fornecem informações muito importantes sobre as questões fundamentais e os benefícios mensuráveis obtidos após a implementação do ERP.

I. A resposta 1 revela que a maioria das empresas tem a sua principal área de atividade na Índia.

II. A resposta 2 mostra que as empresas envolvidas são todas indústrias transformadoras, mas algumas delas dedicam-se a serviços de engenharia.

III. Resposta 3, o estado do cargo da pessoa que respondeu ao questionário.

Table 5.2: Job title of each person responded to the questionnaire

S.NO.	Industry Name	Information provider	Desigination
1.	Anand Nishikawa Pvt. Ltd., Lalru	Gaurav chetan	Project manager
2.	Godrej & Boyce Ltd., Mumbai	Navdeep Duggal	Manager IT
3.	Trident Industries Ltd., Ludhiana	Piyush Dhyani	Deputy manager
4.	Eastman Industries Ltd., Ludhiana	A.P. Singh	Manager IT
5.	G.S. Internationals Ltd., Ludhiana	Sumit Kumar	A.G.M. IT
6.	Tata Motors Ltd., Jamshedpur	Sukhjit Singh	Asst. Manager
7.	Spray Engg. Devices Ltd., Baddi	Gaurav Saluja	Senior Engineer
8.	NTPC, Noida	Balwant Tank	IT Engineer
9.	Escorts Tractors Ltd., Faridabad	Ankit Phutela	Asst. Manager
10.	Nestle India Ltd., Moga	K.B. Bhatia	Manager
11.	Central Tool Room, Ludhiana	Chetan Bawa	Design Engineer
12.	Everest Electromagnet Ltd., Pune	N S Kulkarni	Director
13.	Eicher Tractors Ltd., Alwar	Anil Rajwani	Project Manager
14.	Trident Industries Ltd., Barnala	Shruti Bhandari	Programmer
15.	Mahindra & Mahindra Ltd., Pune	Shahaji chaven	Deputy Manager
16.	Mahindra & Mahindra Ltd. Mohali	Pardeep Singh	Manager IT

IV. A resposta 4 descreve a dimensão das várias indústrias que responderam ao questionário; das dezasseis empresas que responderam ao questionário, duas são indústrias de pequena dimensão, seis são indústrias de média dimensão e oito são indústrias de grande dimensão.

Table 5.3: Size of companies to the questionnaire

Size of Industry	Name of industry
Small scale	Eastman Industries Ltd. Ludhiana, G.S. International Ltd. Ludhiana
Medium scale	Anand Nishikawa Pvt. Ltd. Lalru, Trident Industries Ltd. Ludhiana, Spray Engg. Devices Ltd. Baddi, Nestle India Ltd. Moga, Trident Industries, Barnala and Everest Electromagnet Ltd. Pune.
Large scale	Godrej & Boyce Ltd. Mumbai, Tata Motors Ltd. Jamshedpur, Escorts Tractors Ltd. Faridabad, Eicher Tractors Ltd. Alwar, M & M Ltd. Mohali, Central tool room M & M Ltd. Pune, NTPC

V. A resposta 5 indica que todas as empresas que responderam ao inquérito sobre a indústria transformadora implementaram o ERP.

VI. A resposta 6 indica que foi o departamento de TI que iniciou a ideia de adotar uma implementação ERP. Além disso, algumas das empresas afirmaram que um consultor externo também lhes sugeriu que dessem início à ideia da implementação do ERP.

VII. A resposta 7 mostra que as indústrias transformadoras consideram necessário efetuar a reengenharia dos processos empresariais antes e depois da implementação dos pacotes ERP.

VIII. Resposta 8, ou seja, os principais objectivos da implementação do ERP; das dezasseis indústrias que responderam ao questionário, dez empresas implementaram o ERP com o objetivo de obter vantagens competitivas, três empresas para satisfazer as necessidades dos clientes, duas empresas para ter um melhor controlo das existências e uma empresa implementou o ERP para obter mais lucros.

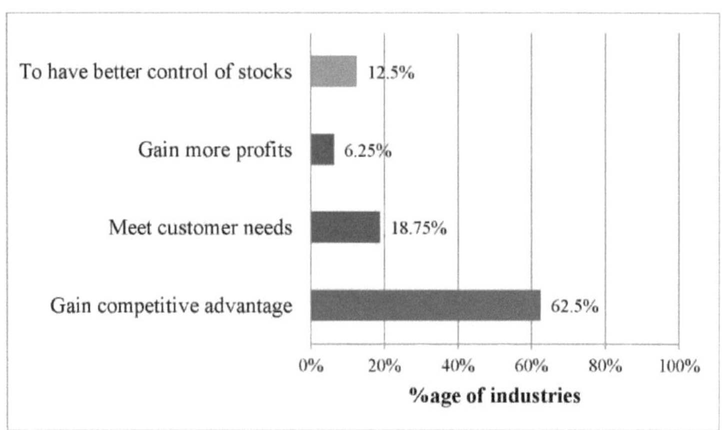

Figure 5.1: Objectives of implementing ERP

IX. A resposta 9 mostra que a implementação do ERP foi bem sucedida em 14 empresas e parcialmente bem sucedida em duas empresas. Não existe nenhuma empresa em que o ERP não tenha sido totalmente bem sucedido.

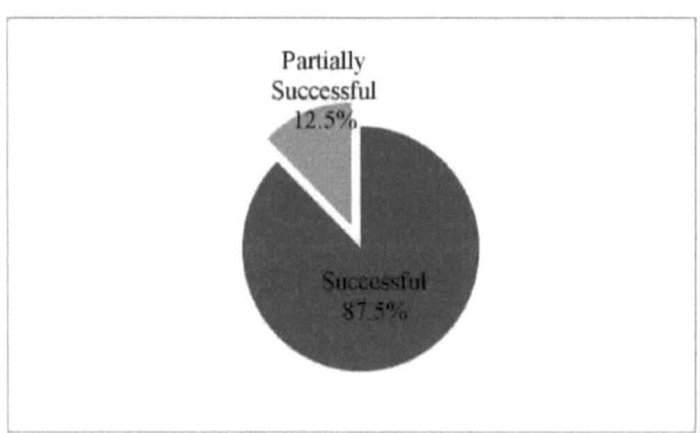

Figure 5.2: Status after ERP implementation

X. A resposta 10 sobre os pacotes de software ERP utilizados pelas indústrias destaca os seguintes pontos

a) O software/pacote ERP SAP é utilizado por 9 sectores.

b) O BAAN, enquanto software/pacote, é utilizado por dois sectores.

c) O software/pacote Oracle de ERP é utilizado por dois sectores.

d) Três empresas utilizaram outro software.

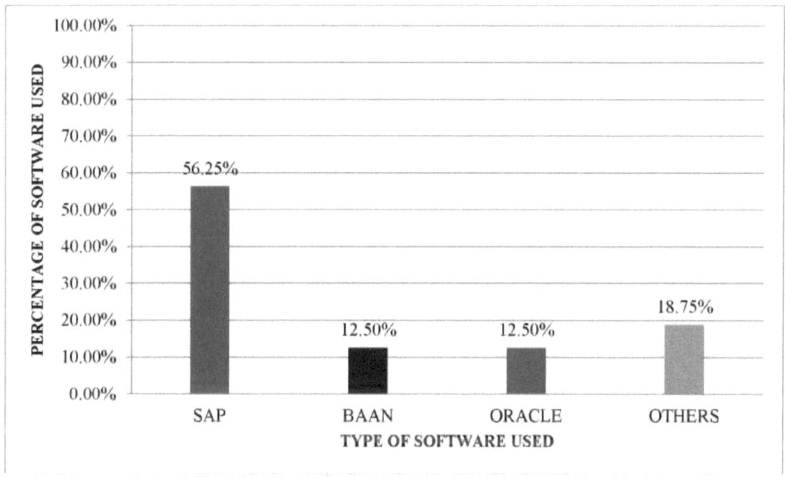

Figure5.3: Type of software/package used by industries

XI. A resposta 11 revela que, das dezasseis empresas que responderam ao questionário, quinze obtiveram o apoio total da gestão de topo/média desde o início até ao fim da implementação do ERP e apenas uma empresa perdeu o apoio da gestão de topo/média no projeto de implementação do ERP.

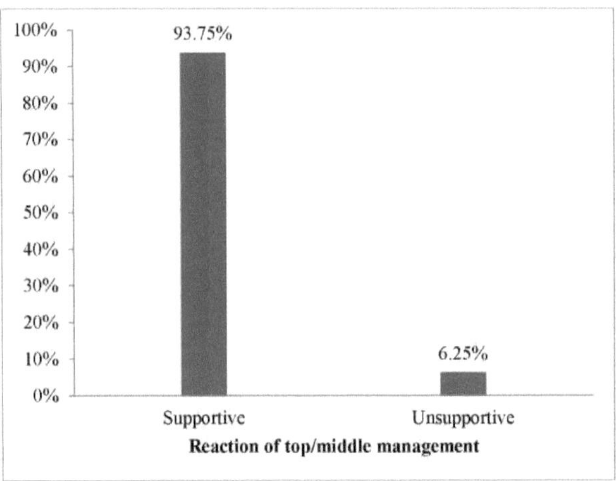

Figure5.4: Reaction of top/middle management

XII. A resposta 12 revela que três empresas tiveram dificuldades durante a fase de planeamento, uma empresa teve dificuldades durante a fase de conceção, quatro empresas tiveram dificuldades durante a fase de transição e oito empresas tiveram dificuldades na fase de implementação do ERP.

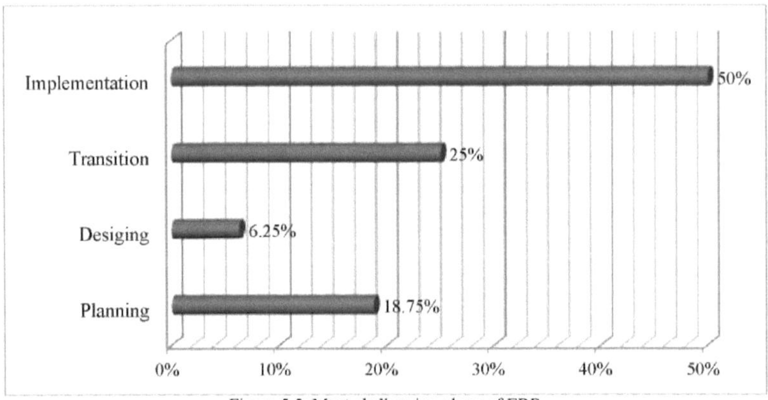

Figure 5.5: Most challenging phase of ERP

XIII. A resposta 12 revela que o tempo despendido na implementação do ERP em unidades do sector público como a NTPC é mais longo e a duração é de 3 a 5 anos, 1 a 2 anos em indústrias de grande dimensão, menos de um ano em indústrias de média dimensão e cerca de 6 meses em indústrias de pequena dimensão. Um centro de formação (C.T.R Ludhiana) implementou o ERP num ano.

Table5.4: Time of implementation of each phase

INDUSTRY	PHASES OF ERP	TIME SPEND (IN MONTHS)
P.S.U. N.T.P.C	Planning	24
	Designing	12
	Transition	6
	Implementation	30
LARGE SCALE Godrej & Boyce Ltd. Mumbai, Tata Motors Ltd. Jamshedpur, Escorts Tractors Ltd. Faridabad, Eicher Tractors Ltd. Alwar, M & M Ltd. Mohali , M & M Ltd. Pune.	Planning	5-6
	Designing	5-6
	Transition	5-6
	Implementation	5-6
MEDIUM SCALE Anand Nishikawa Pvt. Ltd. Lalru, Trident Industries Ltd. Ludhiana, Spray Engg. Devices Ltd. Baddi, Nestle India Ltd. Moga, Trident Industries, Barnala and Everest Electromagnet Ltd. Pune.	Planning	4.8
	Designing	2.7
	Transition	1
	Implementation	2
SMALL SCALE Eastman Industries Ltd. Ludhiana, G.S. International Ltd. Ludhiana	Planning	2
	Designing	1
	Transition	1
	Implementation	1.5
C.T.R. LUDHIANA	Planning	6
	Designing	3
	Transition	2
	Implementation	2

XIV. A resposta 14 revela que seis empresas obtiveram 81 a 100% de melhoria da atividade, seis empresas obtiveram 61 a 80% de melhoria da atividade, três empresas obtiveram 41 a 60% de melhoria da atividade e apenas uma empresa conseguiu produzir até 20% de melhoria da atividade.

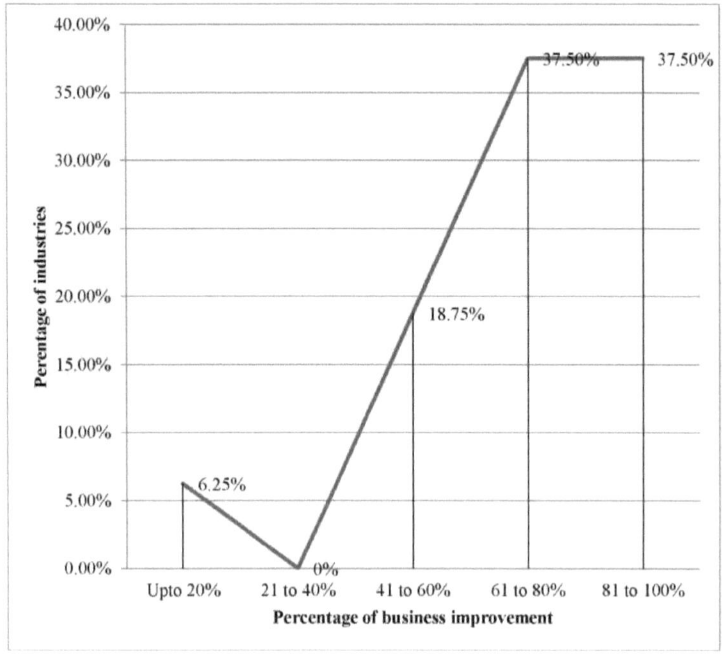

Figure 5.6: Percentage improvement in Business Process

XV. A resposta 15 revela que dez indústrias concordaram que obtêm as informações adequadas ou actualizadas após a implementação do ERP e seis indústrias concordaram fortemente que lhes são fornecidas as informações adequadas necessárias após a implementação do ERP.

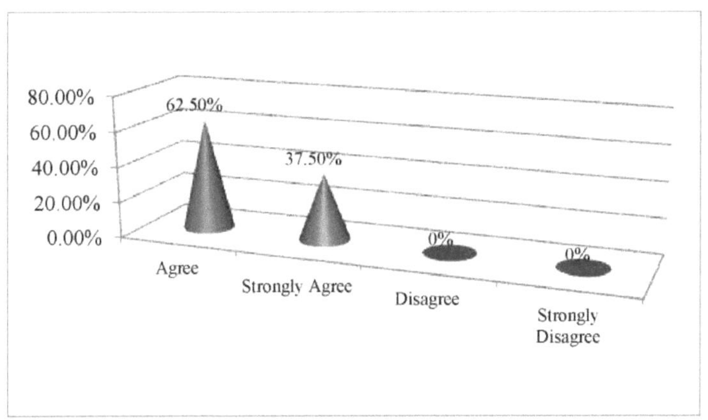

Figure 5.7: Information from ERP system

XVI. A resposta 16 revela que sete empresas sofreram perturbações operacionais até 20%, uma empresa sofreu perturbações operacionais entre 21 e 40%, seis empresas sofreram perturbações operacionais entre 41 e 60% e duas empresas sofreram perturbações entre 61 e 80%, não havendo nenhuma empresa que tenha sofrido perturbações operacionais a 100%.

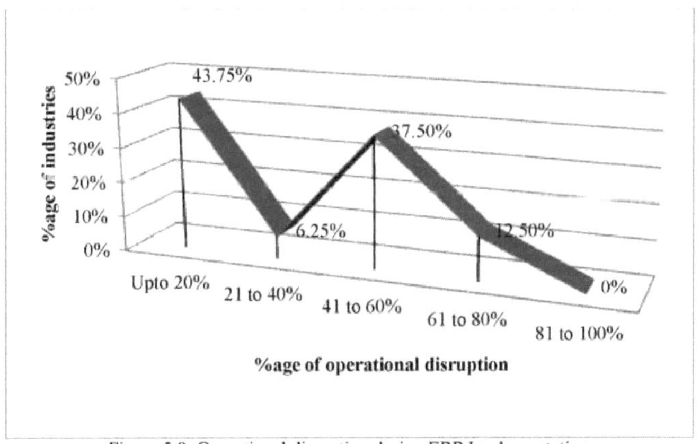

Figure 5.8: Operational disruption during ERP Implementation

XVII. A resposta 17 revela que, das empresas que responderam ao questionário, <u>duas empresas</u> implementaram o sistema ERP em menos de 9 meses, <u>seis empresas</u> implementaram o sistema ERP entre 9 meses e 1 ano, <u>sete empresas</u> implementaram o sistema ERP entre 1,5 e 2 anos e <u>uma empresa</u> levou mais de três anos a implementar o sistema ERP.

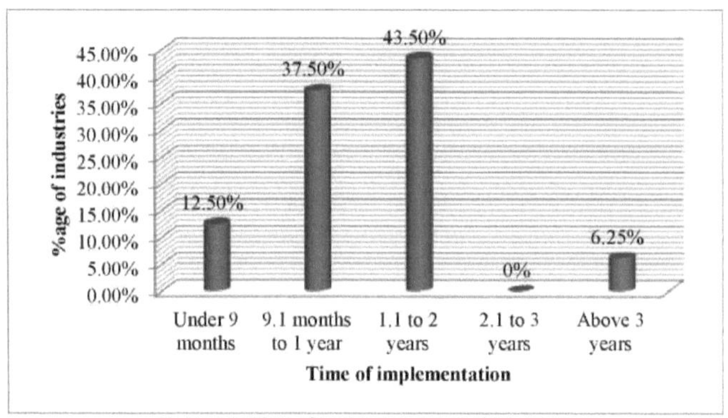

Figure 5.9: Time of implementation on ERP system

XVIII. A resposta 18 revela que, das dezasseis empresas que responderam ao questionário, <u>treze</u> apoiaram o utilizador final desde o início até ao fim e <u>apenas três</u> não o apoiaram totalmente.

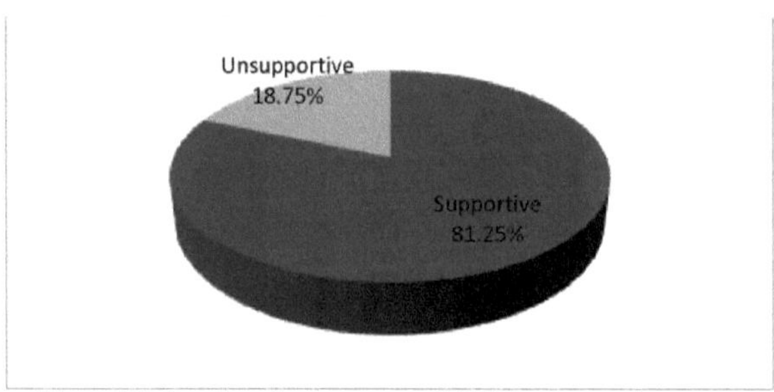

Figure 5.10: Reaction of end users towards ERP implementation

XIX. A resposta 19 revela que o chefe de TI reporta geralmente ao CEO/diretor-geral e, em alguns casos, ao diretor de operações durante todo o processo de implementação do ERP nas organizações.

XX. A resposta 20 revela que oito indústrias atingiram os seus objectivos máximos esperados de 80-100%. Três das empresas atingiram 60-80%, quatro das indústrias atingiram 40-60% e uma das indústrias atingiu cerca de 20-40% dos seus objectivos esperados, respetivamente.

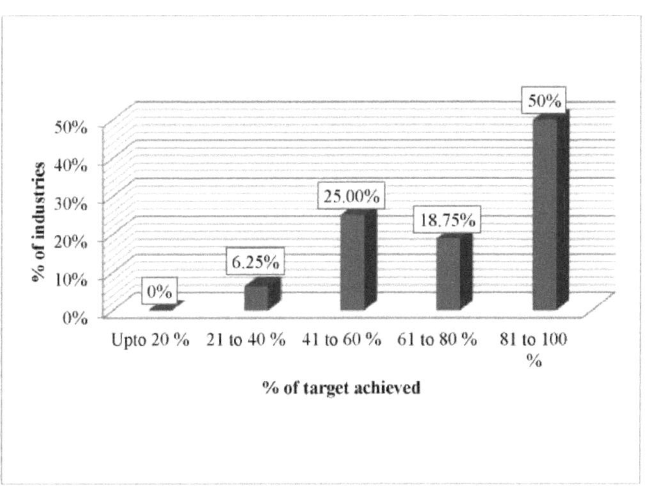

Figure 5.11: Achievement of expected targets

XXI. A resposta 21 indica que todas as indústrias conseguiram melhorar os seus processos empresariais com a implementação do ERP.

XXII. A resposta 22 indica que há empresas muito pequenas que registaram atrasos na implementação do ERP. De todas as indústrias que responderam ao questionário, apenas três indústrias registaram atrasos na implementação do ERP.

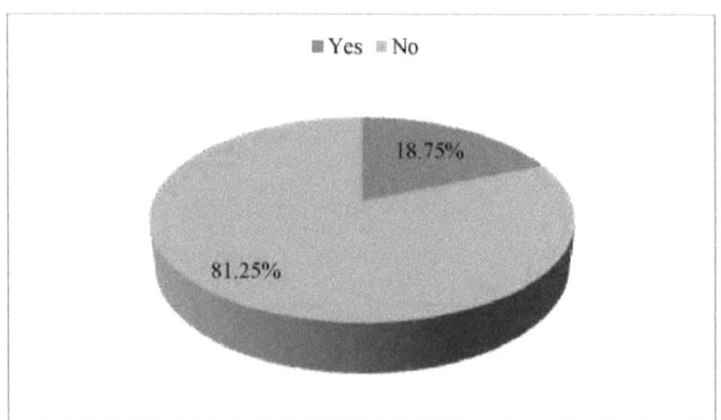

Figure 5.12: Delay in ERP implementation

XXIII. A resposta 23 indica que a razão subjacente ao atraso na implementação do ERP é a "resistência dos empregados".

XXIV. A resposta 24 revela que quinze das indústrias atribuíram um orçamento fixo e uma indústria não atribuiu um orçamento fixo para a implementação do ERP das dezasseis indústrias que responderam ao questionário.

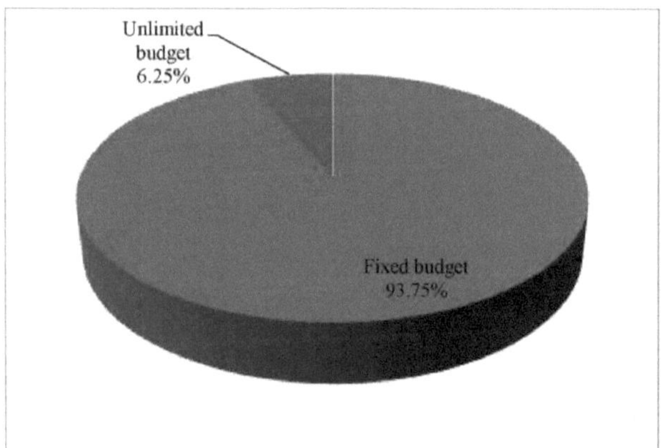

Figure 5.13: Type of budged involved in ERP implementation

XXV. A resposta 25 demonstra que doze indústrias não registaram situações de sobreorçamentação e apenas quatro indústrias registaram situações de sobreorçamentação das dezassete indústrias que responderam ao questionário.

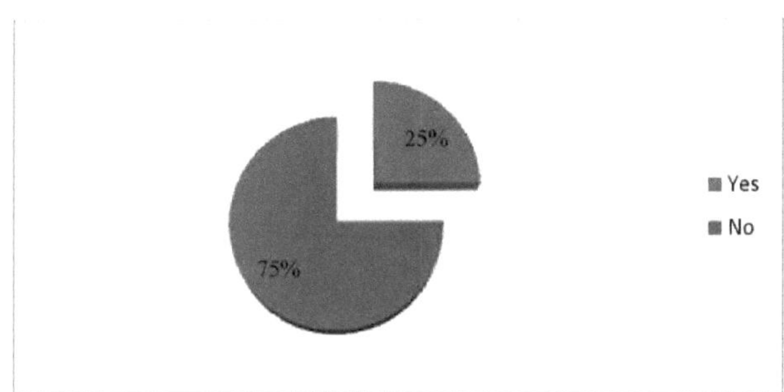

Figure 5.14: Over budgeting in ERP implementation

XXVI. A resposta 26 revela as despesas aproximadas e pode ser consultada no quadro 5.1.

XXVII. A resposta 27, relativa à percentagem de benefícios financeiros alcançados após a implementação do ERP, explora que

a) 6 das indústrias alcançaram cerca de 80-100% dos benefícios financeiros pretendidos.

b) 4 das indústrias alcançaram cerca de 60-80% dos benefícios financeiros pretendidos.

c) 2 das indústrias alcançaram 40 -60% dos benefícios financeiros pretendidos.

d) 4 das indústrias alcançaram 20-40% dos benefícios financeiros esperados.

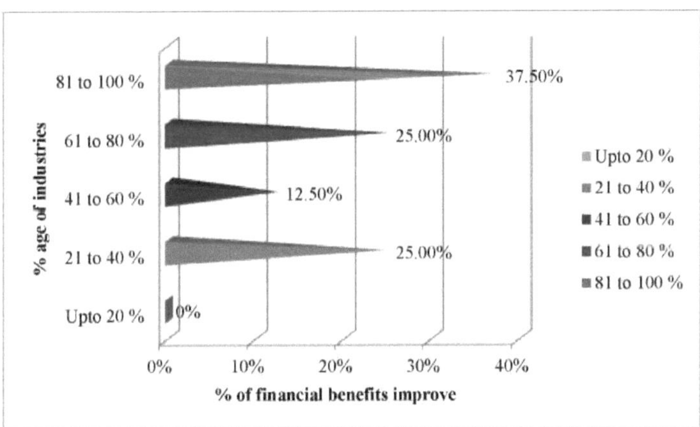

Figure 5.16: % of financial benefits improve after ERP implementation

XXVIII. A resposta 28 indica que, durante a implementação do ERP, a comunicação entre a direção e os trabalhadores foi excelente em 8 empresas, boa em 8 empresas e que nenhuma empresa se enquadra na categoria de regular e medíocre.

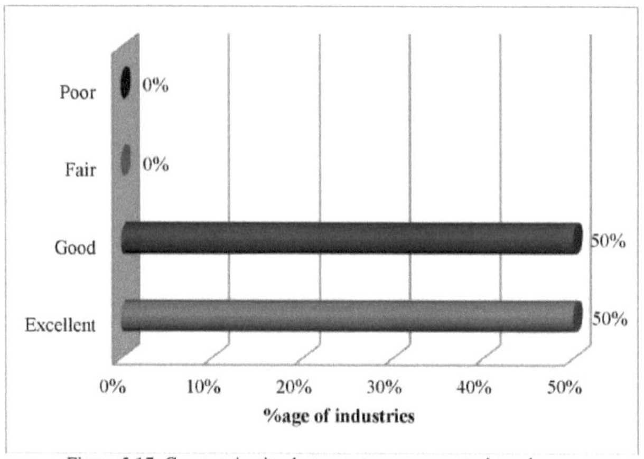

Figure 5.17: Communication between management and employees

XXIX. A resposta 29 demonstra a proficiência da equipa de projeto de implementação do ERP: na maioria das indústrias, as equipas de projeto de ERP trabalharam de forma eficiente e excelente/bom/regular, ou seja, em oito empresas a proficiência foi excelente, cinco empresas estão na categoria boa, duas empresas afirmam ter uma proficiência regular e apenas numa indústria a proficiência foi fraca.

Table 5.5: Efficiency of Project Team

S.No.	Efficiency of ERP Project Team	%age of Industries
1.	Excellent	50
2.	Good	31.25
3.	Fair	12.5
4.	Poor	6.25

XXX. A resposta 30 revela que seis, oito e dois dos trabalhadores têm um nível de expiação excelente, bom e razoável após a utilização de sistemas ERP, respetivamente.

Table 5.6: Atonement of Employees with Current ERP solutions

S.No.	Level Of Atonement Of Employees	%age of Industries
1.	Excellent	37.5
2.	Good	50
3.	Fair	12.5

XXXI. A resposta 25 mostra que 37,5%, 50% e 12,5% dos executivos têm um nível de satisfação excelente, bom e razoável após a utilização de sistemas ERP, respetivamente.

Table 5.7:- Level of Satisfaction of Executives with ERP

S.No.	Level Of Atonement Of Executives	%age of Industries
1.	Excellent	37.5
2.	Good	59
3.	Fair	12.5

CAPÍTULO 6

CONCLUSÃO

A implementação do ERP não se destina a ser exibida ao mundo exterior, mas sim a proporcionar benefícios internos à empresa que aumentem o seu desempenho empresarial. A partir da investigação sobre o tema "**Estudo Analítico da Perspetiva de Implementação do ERP: A Study of Selected Manufacturing Industries**", estudámos a implementação analítica do ERP, na qual foi elaborado um questionário e as respostas foram registadas. Com base na investigação, o ERP tem muitas vantagens, tais como a eliminação de processos manuais de trabalho intensivo e a atual duplicação de esforços. O ERP racionaliza os processos empresariais críticos para muitos departamentos e torna a recolha de dados melhor e mais eficiente. O ERP permite uma utilização mais eficiente das pessoas brilhantes do nosso gabinete. Uma das principais vantagens do ERP é a substituição de bases de dados múltiplas e desconexas por um sistema único e integrado.

Com base no trabalho de investigação, concluímos que, para uma implementação bem sucedida do ERP, é necessário ter em conta os seguintes aspectos

1. O apoio da gestão de topo e da gestão intermédia é necessário durante a implementação do ERP, para que haja um bom entendimento entre eles e o fornecedor de pacotes ERP.
2. Os consultores contratados desempenham um papel muito importante e têm de ser exactos, uma vez que estabelecem a ligação entre a gestão e o fornecedor de pacotes ERP.
3. Os chefes de equipa da implementação do ERP devem ter experiência para poderem liderar melhor as suas equipas.
4. O mais importante é o utilizador final que trabalha efetivamente com os pacotes; não só tem uma boa experiência como deve ter um conhecimento adequado dos pacotes.

Com base no trabalho de investigação e nas conclusões, foi preparado o seguinte âmbito futuro:

1. Pode ser efectuada uma análise da investigação realizada.
2. A investigação pode ser alargada a mais empresas.
3. As secções do questionário podem ser melhoradas e aperfeiçoadas.

Referências:

1. Amin Hakim, Hamid Hakim, "A practical model on controlling the ERP implementation risks", Information systems 35 (2010) 204-214.
2. Al-Mudimigh A., Zairi M., Al-Mashiri M., "ERP software implementation: an integrative framework", European Journal of Information Systems, 216-226, (2001).
3. Abdinnour-Helm, S., Lengnick-Hall, M.L., Lengnick-Hall, C.A., 2003. Atitudes pré-implementação e prontidão organizacional para a implementação de um sistema de planeamento de recursos empresariais. Jornal Europeu de Investigação Operacional 146 (2), 258-273.
4. A. Spano e B. Bello da Universidade de Cagliari, "O impacto da utilização de um sistema ERP nos processos organizacionais e nos trabalhadores individuais".
5. A. Wong, H. Scarbrough, Patrick Y.K. Chau, R. Davison, "Critical Failure Factors in ERP Implementation".
6. Adel M. Aladwani, "Change management strategies for successful ERP implementation".
7. Benaroch, M., Kauffman, R.J., 2000. Justifying electronic banking network expansion using real options analysis. MIS Quarterly 24 (2), 197-225.
8. Bingi, P., Sharma, M.K., Godla, J.K., 1999. Questões críticas que afectam a implementação de um ERP. Gestão de Sistemas de Informação 16 (3), 7-14.
9. Bradford, M., Florin, J., 2003. Examinar o papel dos factores de difusão da inovação no sucesso da implementação de sistemas de planeamento de recursos empresariais. International Journal of Accounting Information Systems 4 (3), 205-225.
10. Claire Berchet, Georges Habchi, "A implementação e a implantação de um sistema ERP: Um estudo de caso industrial". Computers in Industry 59 (2008) 548-564.
11. Chan-Hsing Lo, Chih-Hung Tsai e Rong-Kwei Li (2009).
12. Chuck C.H. Law, Eric W.T. Ngai, "Adoção de sistemas ERP: Um estudo exploratório dos factores organizacionais e dos impactos do sucesso do ERP". Information & Management 44 (2007) 418-432.
13. Davenport, T.H., 1998. Putting the enterprise into the enterprise system. Harvard Business Review 76 (4), 121-133, Jul-Ago
14. D. James, S. Russell, G. Seibert, Oracle E-Business Suite Financials Handbook, McGraw-Hill/Osborne, Califórnia, 2002
15. E.W.T. Ngai, C.C.H. Law, F.K.T. Wat "Examinar os factores críticos de sucesso na adoção do

planeamento de recursos empresariais". Computadores na Indústria 59 (2008) 548-564.

16. Eric T.G. Wang, Sheng-Pao Shih, James J. Jiang, Gary Klein, "The consistency among facilitating factors and ERP implementation success: A holistic view of fit". The Journal of Systems and Software 81 (2008) 1609-1621.
17. Elisabeth J. Umble a, Ronald R. Haft b, M. Michael Umble, "Enterprise resource planning: Implementation procedures and critical success factors" European Journal of Operational Research 146 (2003)241-257.
18. Gargeya, V. B. e Brady, C. "Success and failure factors of adopting SAP in ERP system implementation", Business Process Management Journal (9), (2005).
19. Gattiker, T.F., Goodhue, D., 2005. What happens after ERP implementation:understanding the impact of interdependence and differentiationon plant-level outcomes. MIS Quarterly 29 (3), 559-585.
20. Griffith, T.L., Zammuto, R.F., Aiman-Smith, L., 1999. Porque é que as novas tecnologias falham? Industrial Management 41, 29-34.
21. H. R. Yen, C. Sheu, "Alinhamento da implementação do ERP com as prioridades competitivas das empresas transformadoras: Um estudo exploratório". Int. J. Production Economics 92 (2004) 207220.
22. H. Liang, N. Saraf, Q. Hu, Y. Xue, "Assimilation of Enterprise systems: The effect of institutional pressures and the mediating role of top management".
23. Jenson, R.L., Johnson, I.R., 1999. O sistema de planeamento de recursos empresariais como solução estratégica. Information Strategy Executive Journal 15 (4), 28-33.
24. Jose Estevez, Joan Pastor, "Análise da relevância dos factores críticos de sucesso ao longo das fases de implementação do SAP" (200l).
25. Jones, M.C., Cline, M., Ryan, S., 2006. Explorando a partilha de conhecimentos na implementação do ERP: uma estrutura de cultura organizacional, aberta. Decision Support Systems 41 (2), 411-434.
26. J. Motwani, D. Mirchandani, M. Madan, A. Gunasekaran, "Successful implementation of ERP projects Evidence from two case studies" Int. J. Production Economics 75 (2002) 83-96
27. Laudon, K.C., Laudon, J.P., 2007. Management Information Systems: Managing the Digital Firm. Prentice-Hall, Nova Jersey.
28. Liang, H., Saraf, N., Hu, Q., Xue, Y, Y., "Assimilation of enterprise systems: the effect of institutional pressures and the mediating role of top management", MIS Quarterly, 31(1), 5987, 2007.

29. Leon, A., "Enterprise Resource Planning", Tata McGraw-Hill, (2009).
30. Liang-Chuan Wu, Chorng-Shyong Ong, Yao-Wen Hsu, "Gestão ativa da implementação do ERP: Uma perspetiva de opções reais". The Journal of Systems and Software 81 (2008) 1039-1050
31. Markus, M.L., Tanis, C., Van Fenema, P.C., 2000b. Implementações de ERP em vários locais. Communications of the ACM 43 (4), 42-46.
32. Martin, M.H., 1998. Uma estratégia ERP. Fortune 2, 95-97.
33. M.H. Martin, An electronics firm will save big money by replacing six people by one and lose all this paperwork using ERP software, Fortune 132, 1998, pp. 149-153.
34. Mary C. Jones, M. Cline, S. Ryan, "Exploring knowledge sharing in ERP implementations organizational culture framework". Sistemas de Apoio à Decisão 41 (2006) 411 - 434
35. Moon, Young, "Planeamento de recursos empresariais (ERP): uma revisão da literatura" (2007). Engenharia Mecânica e Aeroespacial.
36. O'Leary, D., 2000. Planeamento de Recursos Empresariais: Systems, Life cycle, Electronic Commerce, and Risk. Cambridge University Press, Nova Iorque.
37. Pfeffer, J., 1981. A gestão como ação simbólica: a criação e manutenção de paradigmas organizacionais. In: Cummings, L.L., Staw, B.M. (Eds.), Research in Organizational Behavior, vol. 3. JAI Press, Greenwich, CT, pp. 1-52.
38. Pramod Kumar, Dr. M.P.Thapliyal, "Successful implementation of ERP in Large organization" (Implementação bem-sucedida de ERP em grandes organizações). Revista Internacional de Engenharia, Ciência e Tecnologia Vol. 2(7), 2010, 3218-3224.
39. P. Willcocks, R. Sykes, The role of the CIO and IT function in ERP, Communications of the ACM 43 (4), 2000, pp. 32-38.
40. P.Ifinedo, B. Rapp, A. Ifinedo, K. Sundberg, "Relationships among ERP postimplementation success constructs: An analysis at the organizational level." Computers in Human Behavior 26 (2010) 1136-1148.
41. P. Upadhyay, R. Basu, R. Adhikary, P. K Dan. A Comparative Study of Issues Affecting ERP Implementation in Large Scale and Small Medium Scale Enterprises in India: A Pareto Approach. Revista Internacional de Aplicações Informáticas (0975 - 8887) Volume 8- No.3, outubro de 2010.
42. Ramin Vandaie, "The role of organizational knowledge management in successful ERP implementation projects" Knowledge-Based Systems 21 (2008) 920-926.
43. Shih-Wei Chou, Yu-Chieh Chang, "The implementation factors that influence the ERP (enterprise resource planning) benefits" Decision Support Systems 46 (2008) 149-157.
44. Somers, T.M., Nelson, K.G., 2004. Uma taxonomia dos intervenientes e das actividades ao longo

do ciclo de vida do projeto ERP. Information & Management 41 (3), 257-278.

45. Soh, C., Kien, S.S., Tay-Yap, J., 2000. Ajustes e desajustes culturais: será o ERP uma solução universal? Communications of the ACM 43 (4), 47-51. abril.
46. Schein, E.H., 1996. Culture: the missing concept in organization studies. Administrative Science Quarterly 41 (2).
47. Sheng, Y.P., Pearson, M., Crosby, L., 2003. Organizational culture and employees' computer self-efficacy. Information Resources Management Journal 16 (3), 42-58.
48. Severin V. Grabski, Stewart A. Leech. Complementary controls and ERP implementation success. International Journal of Accounting Information Systems 8 (2007) 17-39.
49. Somers, T.M., Nelson, K.G., 2004. Uma taxonomia dos intervenientes e das actividades ao longo do ciclo de vida do projeto ERP. Information & Management 41 (3), 257-278.
50. T.H. Davenport, Putting the enterprise into the enterprise systems, Harvard Business Review 76 (4), 1998, pp. 121-131.
51. V. Botta-Genoulaz, P.-A. Millet, B. Grabot , "A survey on the recent research literature on ERP systems" Computers in Industry 56 (2005) 510-522.
52. Volkoff, O., 1999. Utilizando o modelo estrutural de tecnologia para analisar a implementação do ERP. In: Actas da Conferência da Academia de Gestão'99.
53. V. Mabert, A. Soni, M.A. Venkataramanan, Enterprise resourceplanning: managing the implementation process, European Journal of Operational Research 146 (2), 2003, pp. 302314.
54. J. Stefanou, A framework for the ex-ante evaluation of ERP software, European Journal of Information Systems 10, 2001, pp. 204-215.
55. Wang, E.T.G., Klein, G., Jiang, J.J., 2006. ERP misfit: country of origin and organizational factors, ME Sharpe. pp. 263-292.
56. Y. Xue, H. Liang, W. Boulton, C. Snyder, ERP implementation failures in China: case studies with implications for ERP vendors,International Journal of Production Economics 97, 2005, pp. 279-295.
57. Z. Zhang, Matthew K.O. Lee, P. Huang, L. Zhang, X. Huang, "A framework of ERP systems implementation success in China: An empirical study" Int. J. Production Economics 98 (2005)56-80.

Printed by Books on Demand GmbH, Norderstedt / Germany